我的孩子
不吃東西！

資深兒科醫師親授
不動怒用餐法，
終結親子餐桌上的戰爭

Mi niño no me come

西班牙資深兒科&母乳哺餵倡導權威醫師
卡洛斯・岡薩雷斯 (Carlos González) ◎著
台北市青年診所院長 **楊靖瑩**◎選書審訂
楊靖瑩、胡芳晴、陳芄彣 ◎合譯

新手父母

目錄 CONTENTS

引言

真的有會吃東西的小孩嗎？

第一篇

寶寶不吃東西的原因

目錄 CONTENTS

PART 3　用餐時不要做的事

PART 4　餵食指引

第二篇

如果你的小孩不吃東西該怎麼做？

第三篇

如何在最初就避免問題發生？

目錄　CONTENTS

第四篇
常見的問題

讓餐桌不再變成親子戰場！

文 / 黃立民 醫師·台灣大學醫學院兒童醫院院長

營養是奠定一生健康的基石。

關於嬰幼兒餵食，台灣兒科醫學會根據實證研究並參考國情，建議健康的足月新生兒於出生後應盡速哺育母乳，並持續純哺育母乳至 4 ～ 6 個月大，於 4 ～ 6 個月大開始添加適當的副食品，特別注意鐵質與維生素 D 的補充，並依母嬰雙方意願持續哺育母乳至寶寶離乳即可。

但多數的華人爸媽還是擔心孩子不吃飯，身高就會「低人一等」，傳統上常使用大骨湯或魩仔魚熬煮稀飯，或新世代的家長所謂的 10 倍粥、8 倍粥、 5 倍粥，期盼孩子長得頭好壯壯，但這些都不能算是適當的副食品。

爸媽擔心孩子不能輸在「起跑線上」的育兒焦慮，以及家中長輩和親戚們的熱心關切，嬰幼兒的體型大小成為爸媽的壓力來源，對寶寶手冊上的生長曲線更是充滿誤解，以為身高和體重的百分位愈高愈好，餵養過程中也產生許多迷思，例如：定時定量，

照表操課的飲食控制方式，常常搞得爸媽筋疲力竭，頑強的小孩卻還是不買單。

　　楊靖瑩醫師翻譯了西班牙兒科醫師卡洛斯‧岡薩雷斯（Carlos González）的暢銷書《我的孩子不吃東西！》，透過詼諧的筆調，像說故事一般，將臨床上常見的嬰幼兒餵食問題一一舉例說明，同時給予家長不要強迫小孩吃東西的核心概念。

　　全文淺顯易懂，許多橋段讓人心有戚戚，更多內容令人莞爾甚至捧腹大笑。相信爸爸媽媽在看完這本書之後，對於如何餵養嬰幼兒以及嬰幼兒的生長情況會有更清楚的概念，大人可以開心優雅地與小孩用餐，不再讓餐桌變成親子的戰場。

〔推薦序 2〕

餵食，是照顧者和孩子
互動的滋養過程

文／**陳昭惠** 醫師‧台灣母乳哺育聯合學會榮譽理事長‧國際認證泌乳顧問

　　嬰幼兒到底要吃多少才算正常或符合標準？面對自己的小孩比別人家的小孩吃得少，體重生長百分比別人小，精心製作的副食品，小孩卻不賞臉拒吃，是兒科門診中家長最常詢問的問題之一。

　　楊靖瑩醫師翻譯了西班牙兒科醫師卡洛斯‧岡薩雷斯（Carlos González）的暢銷書《我的孩子不吃東西！》。原文作者本身是三個孩子的父親，也是加泰羅尼亞母乳哺育協會（ACPAM）的創始人，及國際知名的哺乳及育兒講師。

　　靖瑩醫師則是一位兒科醫師，及國際認證泌乳顧問，有豐富的陪伴及協助家長育兒的經驗，也是台灣哺乳及育兒相關議題的知名講師。本書開宗明義就告知家長，孩子的成長及進食量是有個別差異性的，提供不論是餵哺母乳或者是奶瓶餵食母乳／配方奶，如何從一開始就避免餵食問題產生，對於副食品添加方式，

也有實際的建議。靖瑩醫師翻譯的文筆順暢，簡明易讀。

　　餵食，不僅是提供營養，這個過程更是照顧者和孩子互動的滋養過程。成為一個回應性的家長，察覺自己不必要的壓力，相信自己，觀察小孩，信任他們的本能，回應小孩，放輕鬆享受和孩子在一起的時光。相信這一本書對於家長及照顧者都有所幫助，醫療專業人員更可以由這本書的內容提醒自己，如何提供家長及照顧者正確而有效的資訊及協助。

提供正確的餵食觀念，
讓父母開心地與寶寶用餐

文／楊文理 醫師‧台灣母乳哺育聯合學會理事長‧
純青嬰幼兒營養研究基金會董事長

　　身為服務 40 年的小兒科醫師，陪伴許多父母一同照顧嬰幼兒與學齡前兒童。從意外事故防範，到完整的疫苗注射，盡了最大的努力。最重要還是維護兒童正常的生長與發育，許多父母照書養，也有父母照豬養。寶寶或許一樣成長，過程完全不同，尤其在厭奶期、副食品添加期，寶寶不吃東西，讓許多父母心力交瘁，欲哭無淚，不由感嘆寶寶心事誰人知。一本好書的誕生，可以解決養育的最大問題，提供正確的餵食觀念，讓父母開心地與寶寶用餐，使寶寶餵食成為另類享受。

　　本書原作者為一位西班牙的小兒科醫師卡洛斯‧岡薩雷斯（Carlos González）。有多年臨床兒科經驗，提醒父母，以身為成人的角度來思考，如果我們被強迫吃東西會如何反應？讓父母曉得，小孩知道他或她自己需要什麼，讓父母思考，他或她真的是一點東西都不吃嗎？真的沒有吃下「必需」吃的嬰兒食品？告訴父母，寶寶不吃東西的原因，以及用餐時不要做的事，都是一

針見血，以專業與實證技巧，提供十分實用的撇步，最後用寶寶自己的陳述，描繪寶寶的心聲，真是讓人豁然開朗，讀完此書不由莞爾。

　　本書譯者楊靖瑩醫師是位十分傑出，專業的兒科及感染科醫師。楊醫師在人生任何階段，都有十分亮眼的表現。不管是在台大醫院小兒科服務，或是主持知名的青年診所，開設母乳哺育諮詢門診，都展現了她個人持續的精進與對社會的熱愛。在 COVID-19 疫情當中，青年診所用心安排疫苗接種的安全動線，並隨時提供防疫最新知識，獲得民眾與政府的好評。楊醫師是台灣母乳哺育聯合學會的常務理事，英語能力極佳，經常翻譯國外最新母乳哺育相關論文，提供同業再教育課程，頗受好評。

　　《我的孩子不吃東西！》章節引人入勝，內容深入淺出，是一本不可或缺的育兒書籍，十分值得推薦的好書。

讓吃飯成為享受

文／**毛心潔** 醫師・博仁綜合醫院兒科主任・
華人泌乳顧問協會理事長・國際認證泌乳顧問

　　楊靖瑩醫師邀請我寫推薦序的時候，我就對這本《我的孩子不吃東西！》充滿信心與好奇，一方面學姊標準很高，她願意翻譯的書應該頗具水準，無庸置疑；但這本書又不太像我們兒科的教科書，我很好奇為何如此受到學姊青睞呢？謝謝她的邀請，讓我先睹為快，更讓我能把這麼棒的書介紹給大家！

　　看完就馬上理解為什麼這本書這麼受歡迎了！書中所有的故事都超級真實，我邊看邊傻笑，點頭如搗蒜，原來全球父母都有這些症頭！

　　書中提到了「三口組組長」「追著餵小孩」「他都不肯吃」等等狀況，都是在哺乳支持團體或網路父母社團裡定期出現的日經／月經文，作者用幽默文筆，仔細分析家長的擔心，提出相關科學研究，提醒大家孩子會決定自己要吃多少！

　　這就是回應式餵食（Responsive feeding）的基本概念：you provide, your child decide. 家長負責提供營養均衡的食物與放鬆進食的氛圍，讓孩子依照自己的食慾與身體狀況決定自己要吃多少。從喝母奶或配方奶的嬰兒，到以食物為主食的幼兒都是遵循

這個原則，最終希望養成自我調節進食的終身健康飲食習慣。

如果以上這個原則無法說服你，你仍為了孩子吃飯感到困擾，請一定要看這本書！相信你一定能在書中找到解答，調整想法或做法後，讓吃飯成為生活中的享受，而非負擔。

如果你對孩子吃飯很放心，但身邊有親朋好友經常對孩子吃飯碎念或批評的話，這本書也非常適合你！你會發現自己願意尊重孩子的發展與食慾真是做對了，也對他人的批評指教更有抵抗力。

如果你跟我一樣是兒科醫師／泌乳顧問，或是托育人員／教保人員／月嫂／保母／老師等等嬰幼兒相關工作人員，經常被問到孩子喝奶或吃飯的相關問題，我非常推薦把這本書當成參考書籍。書中非常生動的描述各種常見困擾、釐清相關迷思、說明基本原則，並提出以實證為基礎的破解做法，讓我們的建議不只是經驗分享，更具有科學的說服力！相信透過我們對家長與孩子的支持，更能讓他們擁有開心的用餐經驗，奠定良好的健康基礎與建立理想的飲食習慣！

父母放寬心，和孩子一起好好用餐

文／**黃瑽寧** 醫師‧黃瑽寧醫師健康講堂

　　相信許多人都有感觸，處在資訊爆量的時代裡，現代父母對於各種育兒困擾，理論上知識應該更唾手可得，為什麼焦慮反而更深了呢？想到孩子剛出生的頭一、兩年，即使身為兒科醫師的我，也曾經歷過一陣兵慌馬亂的時刻。或許是因為少子化的關係，每個父母都將自己的孩子視為獨一無二的寶貝，導致每一個育兒的環節都深怕出錯，怕不夠標準，怕誤了孩子一生！

　　然而，育兒是一場馬拉松賽，把精力消耗怠盡在頭一、兩年，不僅後繼乏力，並累計大量的挫折感，還可能葬送建立親子依附關係的黃金時期。因此，在育兒初期即建立正確的育兒觀念，陪伴並了解自己的寶寶，絕對是父母能夠給孩子和自己最好的禮物。

　　這本暢銷全球的《我的孩子不吃東西！》作者是育有三子的兒科醫師，他以自身經驗以及科學探究，來說明嬰幼兒飲食習慣和成長的關係，從孩子「不吃東西」的原因，到避免不當餵食習慣所引發的危機，與世界各地所有父母的共同常見問題，都做了清楚的整理和建議，提供給新手爸媽們完整且正確的參考。

現代飲食種類及面向如此豐饒，只要掌握幾項關鍵原則，真的不用擔心孩子會因為吃不夠營養而長不大。希望爸爸媽媽能夠放寬心，把重點放在和孩子一起用餐的溫馨美好時光吧！

協助家長建立適當的期望值，
避免強迫孩子進食

文／**高宜伶** 台灣母乳協會祕書長

　　我有一個酷愛喝母奶但是副食品總是三口組的大女兒，和滿足我大廚慾望一口接一口固體食物的小女兒。此外，我們的家庭還協助過社福組織擔任週末及假期義工照顧過一個出生 1600 克的早產男孩──阿良一年的時間，他從不太會用奶瓶、很好餵鐵劑（醫師處方）的嬰兒，到大口吃副食品但遇到鐵劑滴管就嘴巴怎樣也撥不開，強制餵鐵劑就嘴角冒泡或做嘔的學步兒……。

　　當靖瑩醫師邀請我試閱一些篇章時，我立刻掉入記憶的兔子洞，書中很多的「小鬥士」故事，都有我孩子們當年的身影。這是一本容易閱讀、最新的學理與其他父母「血淚」故事兼具的好工具書，協助家長們建立適當的期望值以及建構照養嬰幼兒的知識堡壘，如果時間可以重來（或者靖瑩醫師早點讓我看到這本書，呵呵），阿良的鐵劑泡泡絕對可以少吐一點。

「吃欣」不是妄想，進食迷思破解百科！

文 / 林憶淳 中華民國寶貝花園母乳推廣協會第七屆理事長

俗語說：「吃飯皇帝大。」這句話在成為母親之前，經常是跟好友相約時的聚餐好理由。孩子出生之後，我卻與絕大部分的母親一樣，每天都咆哮著：「我的小孩不吃東西！」

從第一個孩子出生，哺乳時期天天為了哺乳、副食品問題翻看文章、爬文求解；進而一邊育兒一邊積極進修，成為母乳哺育推廣 / 諮詢者、完成幼兒教育碩士學位、成為正向教養講師，歷經 10 年，母親們的困擾始終還是「吃」這個民生必需但又複雜的難題。

關於「吃」的迷思多不勝數，嬰兒階段：「喝母乳的寶寶吃得少長得慢；瓶餵才知道喝多少；體重要 97% 才是健康；母乳6 個月後就沒有營養了……」；副食品階段：「副食品一定要從米湯開始餵；一歲前不能吃肉不好消化；兩歲以前都只能吃流體食物……」；幼兒階段：「不吃飯長不大、小孩長不高一定是因為挑食……」天啊！有沒有人可以一口氣幫忙破除這些邏輯謬誤啊！

剛拿到這本書時，靖瑩醫師告訴我這是本介紹副食品的書籍，閱讀後發現：NO！這是一本從出生到成人都適用的進食迷思破解百科！

　　作者用淺顯易懂的生活事例，解釋複雜艱深的醫學、營養學、心理學，甚至是社會學理論；文筆幽默且易於理解閱讀，運用寶寶主導按「需」餵食及尊重個體差異的理念涵蓋母乳哺育、配方奶餵食、副食品、正餐等各階段的進食問題與策略，並且提供豐富的案例故事釐清育兒生活中各項餵食迷思。

　　本書內容相當引人入勝欲罷不能，每閱讀一個章節，都能獲得我點頭如搗蒜的認同，總感覺自己多年來不斷向家長宣導的諮詢內容被偷用了，其實是理念相同產生的愉悅共鳴。

　　進食應該是天底下最開心的事，而無論成人還是孩子，都應該從吃得剛剛好來獲得滿足。期待透過本書的出版，可以使育兒專業諮詢者與家長們獲得「視」吃的滿足，看孩子吃得欣喜不再是妄想。

給家長的心靈指引，
無論是傳統的餵食方法還是 BLW

文／**余琬儒** 醫師・魚丸醫師的媽媽經

　　楊靖瑩醫師是我母乳哺育推廣路上引領我的前輩，當初聚會偶然聽到她說到這本外文書的時候，光聽書名就覺得非常衝擊《我的孩子不吃東西！》，還是兒科醫師寫的，很開心楊醫師把它翻譯成中文，更榮幸能為她寫上推薦序，那這本書是教你怎麼教小孩規律、好好的吃東西長肉肉嗎？不是！是要告訴你「小孩的生長並不是因為他們吃了什麼？他們吃是因為正在生長」。

　　身為一個兒童腸胃科醫師，在門診除了腸胃疾病，現今更多是看體重增長，餵食等等的問題，剛成為主治醫師的時候，我也是很認真執著於教科書和受訓過程中的數字科學，四個月要長出生體重的兩倍，一歲要是出生體重的三倍，小孩一天奶量應該要用體重乘以 150，水量又應該要喝多少才不會便秘等等，畢竟就是一路這樣受訓過來的。

　　然而，自己成為媽媽以後，才發現完全不是這麼回事！身為一個四寶媽，3 趴俱樂部大家長，從大寶副食品餵食困難的焦慮（其實是媽媽自己覺得），二寶兩個月厭奶的崩潰（其實是媽媽

強迫式餵奶的反彈），到後來正視我心中的恐懼：害怕小孩沒有照著書上講的規則走，是身為媽媽的失職（還是兒科醫師！），會影響到小孩的健康，之後與我自己和解，放下自己的焦慮，重新回歸到觀察孩子，尊重孩子是個獨立個體，順勢個別化的調整。

三寶的純 BLW（Baby-Led-Weaning 寶寶自主式進食），再到四寶的混餵育兒，真的就更加深刻體會作者說的「不是所有孩子都以同樣的速度在生長」，身為家長，學習處理自己的焦慮和放手是我們的課題，相信孩子和自己，他們真的會自己吃東西。身為醫療人員，我更期許自己拆彈治療真正生病的孩子，但將理論應用增能家長，若其實是正常自然發展的孩子，就尊重他、等待他，「那些體質性發育延遲的孩子最後仍是健康的長大了」。

吃副食品是一個過程，不單只是為了營養，更重要的是練習咀嚼和吞嚥，「不追餵、不逗弄、不比較」，有一種餓是大人覺得餓，原來古今中外皆然，親子相處的時光不該在抗衡角力的餵食中消磨，這本書不管寶寶是母乳哺育還是配方奶寶寶，不管副食品選擇傳統餵食、BLW 還是混餵，都值得每個媽媽閱讀的指引。

放下焦慮與控制，尊重個體差異，
享受親子間的用餐時光

文 / **楊靖瑩** 醫師・台北青年診所院長

　　記得小女開始吃副食品的時候，在保母家，她總能吃下一大碗的稀飯，但是到了假日與我在一起時就成了3口組，不論我怎麼努力，她就是不願再多吃幾口，然後在夜裡巴著我親餵。因此每到假日，即使白天的她活動力十足，我還是會有餓壞她的恐懼，這樣忐忑的心情要到了星期一早上將她送回保母家後才有如釋重負的感覺。

　　10幾年前，我在美國康乃狄克州的一個小鎮圖書館看到這本書，前幾頁的內容已讓我心有戚戚焉，卡洛斯・岡薩雷斯醫師幽默的文筆又讓我不時莞爾甚至捧腹大笑，當時就有一股衝動要將這本書翻譯成中文，造福所有深陷在餵奶和餵副食品困境中的父母，這個心願終於在2021年，在好友芃彣和芳晴的協助下，完成了本書第二版的翻譯。

　　書中的各種故事，焦慮崩潰的父母和無辜的孩子，尤其是那些長得比隔壁鄰居同年齡孩子還瘦的無辜孩子，他們之間關於餵

食的親子戰爭也不時在我日常的臨床診間中活生生的重演著。希望藉由本書的出版，讓家長們能用新的眼光與態度來面對餵養嬰幼兒的議題，愉快地享受親子間的用餐時光！

感謝我的兩個孩子，他們讓我學習很多，關於尊重個體差異性與放下為人父母無意中想要一切都在掌控之中的教養方法。感謝我的夥伴，時時提醒我，順其自然，享受生命的美好！

尊重媽媽和她的寶寶

文／皮拉爾・塞拉諾・阿戈約（Pilar Serrano Aguayo, MD）
西班牙賽維亞內分泌科暨營養專科醫師

　　近年來，胃口生理學（appetite physiology）有著相當驚人的進步，讓我們對進食的調控有著如此複雜的程序感到驚嘆。但是，同樣令人驚訝的是，一談到小孩的胃口，仍然存在著許多迷思，而且還有數不清的規則被強加在嬰幼兒的餵食上。

　　我對於這些規則的第一次痛苦經驗是當年親眼目睹我弟弟的慘況。那時我大概三歲，我弟弟差不多就是兩歲左右。某一天下午，有位阿姨來照顧我們，她平常是個友善又有愛心的保母。

　　我弟弟拒絕吃下那根分給他當作點心的香蕉，結果保母將他抓在懷裡，捏住他的鼻子，當我弟弟必須張開嘴巴呼吸時，保母一點也不慈愛地將香蕉塞進他的嘴裡。不管我弟弟如何地哭鬧和掙扎想要逃脫，她仍然持續進行，直到她餵完整根香蕉。

　　我認為這樣的行為簡直是虐待，而目的是什麼，我根本無法了解。如果他餓了，他就會吃，如果他不吃，那就是因為他不餓啊！即使是一個三歲小孩也知道這個道理啊！

我還可以再說一些學校餐廳在午餐時的故事。在桌子底下，妳幾乎可以發現任何食物，比較常見的有：切片的麵包、橘子和熱狗，有時甚至有整顆的蛋。我不清楚校長知不知道，還是她以為小朋友都有吃光他們的食物，不過我確定管理午餐的人員非常清楚小孩到底能吃多少。

　　經過幾年的研究之後，我確認了自己的第一印象——胃口，才是調控食物攝取量的主角；至少對兒童來說，這樣做可以充分滿足他們的需求。

　　每一種動物都有其所偏好的食物，這也許是基因決定好的，我們人類也不例外，至少在我們出生後養成習慣前是如此。隨著時間過去，我們學著因為不同的動機而進食，比如聖誕節或復活節大餐，或因為我們想要取悅婆婆，又或者是為了能美美地穿上比基尼。

　　可是小孩呢？他們沒有預知的概念了解應該吃多少或什麼時候該吃東西？他們不知道（也不需要知道）小兒科醫師的建議，或者是世界衛生組織的建議，甚至隔壁鄰居的小孩吃了多少？這

是他們無法輕易地接受那些時不時強加在他們身上的嚴格規定的理由之一。小孩真的知道！

對於食物和許多其他事情，我們必須付出心力學習。

有一次，我在餵我兒子吃奶前，大聲地問他（這樣房裡那些質疑我餵母奶的人才可以聽到）：「寶貝，你想要喝一點經過數萬年的演化，最後製造出具有物種專一性，最適合你的奶水嗎？這種奶水不會引起過敏，還可以保護你遠離許多疾病。」他帶著困惑的臉，看著我說：「不不不……，我要ㄋㄟㄋㄟ！」

這本書，不僅容易閱讀並且具有紮實的科學根據，內容亦同時尊重媽媽和她的寶寶，因其隱含的親子關係理論而散發光芒。對《我的孩子不吃東西！》這本書感興趣的，不僅是那些想要孩子「好好吃東西」的媽媽，本書更特別是為那些所有夢想能夠享受用餐時光、享受所有與媽媽在一起的時光的孩子們所寫。

真的有會吃東西的小孩嗎？

　　「我的小孩不吃東西」這句話，或是類似的句子，是兒科醫師最常面臨的問題之一。雖然在冬天的時候，這個問題出現的次數可能比不上咳嗽、流鼻水；但是在夏天，「不好好吃東西的壞小孩」可說是醫師診間裡的熱門問題。

　　有些媽媽，例如愛蓮娜，只有一點點的擔憂：

　　「我的兒子，艾伯特，六月二十日就滿一歲了，他不是個很會吃的乖小孩。事實上，我得在一旁逗他開心好讓他願意吃東西，既使這樣，他仍然從來沒有吃光過盤子裡的東西。我不知道我是否需要擔心，尤其他是個敏捷又開心的小孩，而且醫生也說他很健康。」

其他的媽媽，像是瑪麗貝爾，則是近乎絕望：

「我有一個快要六個月大的女兒，出生時是 2.4 公斤，現在五個月大是 6.4 公斤。醫生告訴我們要開始給她吃副食品，像是穀麥片、水果泥等等。可是我的寶寶拒絕吃這些食物，我每天都在嘗試，如果她一次能吃下一湯匙，我就覺得我太幸運了。但是最後的結局往往是一堆淚水，讓我覺得沮喪又難過。我覺得很難受，因為我不知道自己做得對不對，我不喜歡責罵她，也不想強迫她吃東西，但是如果我不這麼做，恐怕她會什麼東西都沒吃！妳認為我是否應該等一會兒再試試看？她每次只要看到湯匙就會開始煩躁，我也很有罪惡感。」

如果瑪麗貝爾的小兒科醫師能像愛蓮娜的一樣，告訴她不要擔心，因為她的寶寶很健康，她是否會覺得好過一些？

「不好好吃東西的壞小孩」之所以成為問題，是因為孩子吃

的東西和家人期望他吃的東西不一樣。這個情況通常在孩子開始出現更強烈的食慾（藉由吃更多）時，或是當環繞在孩子周圍那些期待改變時，問題就消失了。

要求孩子多吃一些幾乎是不可能的（這是件好事，因為那麼做可能導致危險）。本書的目的是在幫助讀者（父母）降低他們的期望，並將他們導向現實！

媽媽，妳並不孤單

當解釋完她們「不好好吃東西的壞小孩」的習慣後，許多媽媽會再加上，「我知道很多不可理喻的媽媽們也會抱怨一樣的事，但是醫生，我的小孩真的什麼東西都不吃，你一定要親眼瞧瞧……」

她們有兩件事說錯了。首先，她們認為自己的小孩是唯一一個什麼都不吃的小孩——甚至還不是吃得最少的那個，而是什麼都不吃。

　　但是想當然爾，親愛的讀者，世界上某個地方絕對有個吃得比妳家小孩還少的孩子（為什麼我會知道這件事？因為這僅僅只是個機率問題。全世界只會有一個，就那麼單獨、唯一的一個，會是那個「吃得最少」的小孩，而且非常可能那個孩子的媽媽根本沒買這本書，就算她買了，我也可能只錯這麼一次。）

　　其次，她們還有一個錯誤，特別是認為其他媽媽們是「不可理喻」的，但她們不是！她們的小孩確實是真的吃得很少（這是因為孩子們的需求很少，容我稍後再解釋），因此這些媽媽們是真的非常、非常的擔心。

吃不好，會傷害媽媽？

　　事關自己小孩的健康，媽媽們會很焦慮是可以預期的；但是還有其他理由才是讓「吃不好」這個問題凌駕於咳嗽和流鼻水之上的原因。那就是媽媽們傾向相信（或是被迫相信）這個問題是她的錯：因為她沒有好好地準備食物、不知道怎麼餵小孩，或是不會教小孩怎麼吃東西。

　　就像蘿拉說的，她傾向將這件事當成是「自己的問題」：

　　「我女兒現在十八個月大，她都不吃東西，我充滿愛心地準備她的食物，結果只換來她在吃了最初的兩湯匙後吥出來，這真的讓我很沮喪！我到底該怎麼做才能讓她吃東西，像慈愛的上帝希望我們做的那樣？」

　　案例中的女寶寶不僅是個挑剔的食客，更過分的是——她竟

然膽敢「浪費」媽媽在廚房裡的努力。順道一提,我們並不清楚慈愛的上帝是否曾訂下小孩應該如何吃東西的規定,也許蘿拉指的是:像小兒科醫師期望中的那種樣子吃東西?

很多媽媽們會加入深刻的個人情感來描述這些情況,她們有時會說「他不吃我給他的東西」,或是「他不願意為了我吃東西」,而不是單純的說「他不吃東西」。有些甚至認為這是小孩具有敵意的一種攻擊行為,「他拒絕我給他的任何東西」。

許多媽媽告訴我,她們會在用餐時間掉眼淚。那個可憐的孩子不時就被夾在錯誤的情緒衝突中。在這場食物戰爭中,提出的不是「妳到底餓不餓?」這樣簡單的問題,而是演變成「妳到底愛不愛我?」的複雜問題。

僅僅只是因為再也無法多吃一口,孩子就被認為不愛他的媽媽而被判有罪。使用暗示的方法也不少見,有時甚至是直接挑明

了說：「如果妳不吃，媽媽就不愛妳了喔！」

🍴 吃不好，傷害寶寶更多？

家人，尤其是媽媽，對於環繞在食物議題上的衝突感到非常苦惱，她們真的處在苦難之中。有一位媽媽寫道：「害怕用餐時間到來的感覺真是糟透了。」

如果連媽媽都會害怕，那麼孩子的感受又是如何呢？請記住，不管妳自己感到有多麼痛苦，孩子所感受到的痛苦可能更多。他並不是試著要反對妳或是要操縱妳，也不是要挑戰妳或是故意唱反調，他只是嚇壞了。

「我很擔心我兒子（十五個月大），因為他都不吃東西。他會把食物含在嘴裡，然後過沒多久就吐掉。整個過程他都在哭，

只有在我停止餵他的時候，他才不哭。」

對媽媽來說，總是有可以逃離的方法，有一些安慰和希望。妳可能會因為小孩不吃東西而擔憂，害怕他會生病，或受夠家人和朋友向妳強調，「孩子應該要多吃一點」，好像妳是故意忽視他、不去餵他。

妳覺得遭到孩子的拒絕，因為他不吃充滿了愛所製作的食物，而當孩子嚎啕大哭時，妳又感到罪惡，擔心自己可能正在傷害他。

然而不可否認的是：妳是個擁有智慧、教育和經驗等等各種資源的成年人，妳可以信賴家人和朋友給妳的愛與支持，因為他們是在這場衝突中最有可能會站在妳這邊的人。

妳的世界，雖然有段時間得聚焦在育兒上，但除了吃東西這項任務，妳還有豐富的過去及光明的未來，也許還有一番事業。

不管對或不對，妳對這正在發生的狀況有些解釋，妳知道自己為什麼努力嘗試要孩子吃東西（即使妳感到困惑，因為他根本不吃）。在最絕望的時刻，妳不斷地告訴自己：「這是為了他好。」妳也抱著希望，因為妳知道——大一點的孩子會自己吃東西，現在這個階段只要再熬個幾年就好。

但是孩子呢？他有什麼過去、未來、教育、朋友、合理的解釋和希望？妳的孩子所擁有的就只有妳啊！

對一個寶寶來說，媽媽就是他的全世界。媽媽是他的安全堡壘，可以給他愛、溫暖和食物。在媽媽的懷中，他好滿足，當媽媽離開時，他會哭得好似心都碎了。當他面臨任何需求和困難時，他只要哭泣，媽媽就會立刻給予回應並且讓所有的事情都變好。

然而，好景不常，才沒過多久，一切都變了。他哭泣，是因為他吃太多了，但是媽媽卻不再像過去一樣地傾聽，反而努力地

強迫他再多吃一些。

事情變得愈來愈糟，媽媽起初溫柔的堅持，很快地變成叱責、懇求和威脅；而孩子根本不知道發生了什麼事。

他不知道自己吃的量是否比書上說的少？或是比醫師建議的少？還是比鄰居的孩子少？他也沒聽過鈣質、鐵質或維生素，他不能理解，媽媽為什麼認為這是為了他好？他只知道他的胃因為吃太多而疼痛，但食物卻仍然一直塞進來。對他來說，媽媽的行為令人困惑──好像要毆打他或是要讓他光溜溜地留在陽台。

許多孩子每天要花上好幾個小時，有時甚至花到六個小時在「吃東西」上面，或者更確切地說，和他們的媽媽在一盤食物的旁邊打仗。他們不明白這是為什麼？也不清楚這場戰鬥要耗費多少時間（在他們心理好似永遠那麼久）？沒有人給他們一個解釋，也沒有人鼓勵他們繼續前進。

這世界上他們最愛的人，一個他們最信任的人，怎麼好像反過來跟他們作對，他們的世界快要崩潰了！

孩子飲食的基礎理論

許多書籍和雜誌的文章已經談論過有關看起來不想吃東西的小孩的主題。鄰居們和親朋好友們也總是很快地提供建議，他們的意見不會總是相同，有時甚至互相矛盾。這些差異有部分源自於每個人回答兩個基本問題的答案（不一定有說出來）：

‧孩子吃得夠嗎？還是應該多吃一些？
‧孩子是整個情況中的受害者還是始作俑者？

那些相信「不好好吃東西的壞小孩」應該多吃一些的人，將這種情況歸咎於幾個根本的原因，並依此提出了不同的解決方案：

．**紀律**：真正的錯誤源於這些父母寵壞了他們的小孩，屈服在小孩的要求下，並放任他們。

．**行銷**：小孩不吃是因為父母不知道如何「銷售」產品。他們應該要在平靜、放鬆的環境中，布置一個漂亮的兒童用餐區來餵孩子吃東西。

．**創意烹調**：小孩已經厭倦單調、一成不變的食物，父母需要改變烹調的口味和口感，同時準備吸引人的擺盤裝飾，例如：用米飯捏塑出動物的模樣，擺上火腿當耳朵；或是將馬鈴薯壓碎，擺上甜椒和橄欖，裝飾成可愛的臉。

．**物理治療**：父母必須從嬰兒出生開始，每天按摩他的臉頰，以「刺激和加強」他的下顎的肌肉。

．**放任**：小孩拒絕食物是因為他要展現對強迫他進食的那個

人的抗議，如果父母停止強迫他吃東西，他就會多吃一點。

　　我不同意上述的任何一種觀點。在這裡，我主張的理論是類似剛剛我所謂的「放任」，不過有一點實質上的不同。我不相信孩子會在妳停止強迫他吃東西之後會多吃一點，因為我不認為孩子需要更多的食物。

　　不可否認，有些孩子會在當他們不再受到強迫時多吃一些，我也觀察到有些孩子的體重只要在不受壓迫後會突然增加，但增加的幅度通常不大，大約 100 克或 200 克，而且效果只有持續幾天。

　　我對此並不感到驚訝，因為我深信，孩子反抗壓迫的天性會使得他吃的量比他需要的少很多，他可能頂多會有一點「將飢餓延後」，但是他會很快地補足差額。

不要強迫孩子吃東西是本書的中心論點。這個論點不應該被視為是一種能使妳孩子多吃一點的方法，而是一種妳愛他與尊重他的表現。當妳停止強迫餵食，妳的孩子會依然只吃相同的量，但妳們不用再忍受伴隨每一餐而來的生氣與戰鬥。

　　至於第二個問題：孩子是整個情況中的被害者還是始作俑者？許多作者認為，「不好好吃東西的壞小孩」是在測試底線，展現他「堅強的意志」，為了要得到好處和操縱他的父母。我完全不同意。我相信孩子是這整起不是他造成的情況中最主要的被害者，請閱讀以下有名的英國小兒科醫師 R.S. 伊靈沃格（R.S. Illingworgh），在他 1991 的著作《正常的小孩》（The Normal Child）[1] 中引述布雷納曼（Brenneman）於 1932 年的敘述為例：

　　在無以數計的家庭，每天都上演著激烈的戰爭。其中一方人馬利用下面方法向前推進：哄騙、逗弄、戲弄、催促、甜言蜜語、欺騙、勸誘、懇求、羞辱、嘮叨責罵、挑剔、威脅、賄賂、處罰、

指出和展現食物的優點、一再哭泣或假裝要哭泣、裝傻、唱歌、或拿出繪本、打開收音機、當食物要入口時敲鑼打鼓，希望這樣做就能讓食物一路往下，不會再被退出來，甚至要阿嬤跳土風舞——這些都是每天重複上演的戲碼。

到目前為止，我不能更同意了。我還可以繼續補充，「在另一個夏令營裡，有一個可憐的小孩正盡其所能地捍衛他自己——閉緊嘴巴、將食物呸出來或是嘔吐」。

然而，布雷納曼對事情有相當不一樣的看法：

另一方，小霸王堅決地守著他的堡壘，要嘛不肯投降，要嘛就得按照他的條件投降。兩項他捍衛自己最有利的武器是嘔吐和磨磨蹭蹭拖延時間。

為什麼要稱這個孩子是小霸王呢？小孩可以說是在這些衝突

中承受最多的人。會有可能在某個地方的某個小孩，可以因為拒絕吃東西就不用吃蔬菜和肉，而且還能得到草莓優格的嗎？小孩有更多其他更愉快的方法可以得到草莓優格。人們真的相信，跟媽媽抗爭一個小時，呸掉食物、大哭和嘔吐只是為了得到草莓優格的「表演」？

重點筆記

第一篇

寶寶不吃東西
的原因

PART 1 這一切是如何開始的？

 人為什麼要吃東西？

正如我媽媽曾經說的：上帝大可以將我們創造成永遠不需要吃東西的樣子。當我面對每一個天天都在擔憂「晚餐吃什麼？」的家長，我必須說我贊成她的說法。

這可能是一種痛苦。然而那就是我們被創造出來的樣子，我們必須吃東西。你可曾問過自己為什麼？

為了不捲入哲學的複雜性，我們可以說吃東西有三個主要的目

的：人們吃東西是為了生存、生長（或增加體重）和活動。

‧維持生命

我們的身體需要大量的食物以維持運轉，即使我們一天 24 小時都花在睡覺上、即使我們的身體已經停止生長，我們仍然需要食物。

‧生長或增加體重

我們的肌肉和骨骼、血液和脂肪，甚至是頭髮和指甲，都是由我們吃進去的食物所製造的。

‧活動、工作和玩

我們需要能量來活動。每個人都知道，運動員和體力勞動者需要比坐辦公桌的職員吃得更多，還有，運動會讓每個人感到飢餓。

一個小孩需要吃多少？

孩子為什麼要吃東西？

· 維持生命

　　先不管活動和生長的需求，一個生物所需要的食物量，基本上和他的體型大小有關。大象吃的比牛多，牛吃的比羊多。如果你要買一隻狗，選擇品種時要小心：一隻德國狼犬吃的會比一隻迷你貴賓狗多。

　　如果小孩沒有在生長，他們需要的食物會比大人少很多，因為他們的體型比較小。

· 生長

　　小孩生長得愈快，他所需要的食物就愈多。不過小孩並不總是以相同的速度在生長。

　　人類生長速度最快的時期是什麼時候？在子宮裡的時候。短短的九個月內，一個重量遠不及 1 公克的單細胞變成一個 3 公斤的漂亮寶寶。謝天謝地，這段時間我們不用餵寶寶！所有的營養都自動地經由胎盤直接輸送給胎兒。

　　出生之後，很多人會說生長最快的時期是青少年時期，即有名的「青少年生長加速期」，但這並不正確。在青少年生長加速期時，每年的生長通常不超過 10 公分和 10 公斤。

　　而一個新生兒在生命的第一年，身長增加 20 公分，體重增加 6 到 7 公斤。換句話說，他的體重增加了三倍，要再一次增加三倍體重得等到他十歲了。撇開在子宮裡的生活不談，一個人的生長速度從未能像生命的第一年那樣快（請記住，這裡所引用的數字是根據四捨五入後的平均值，但是每一個小孩都是不同的，沒有人需要感到驚慌如果自己的小孩偏離了幾公分或幾公斤）。

　　根據估計，嬰兒在頭四個月時，會利用他們吃進去食物中的 27% 來生長 [2]。在六到十二個月大時，只用所吃食物的 5% 來生長，到了第二年，幾乎不到 3%。這個快速的生長速度就是嬰兒吃這麼多

的理由。由於他們的體積小，加上他們沒有很多的活動量，如果不是因為正在生長，他們其實用相當少量的食物就足以存活。

嬰兒吃很多嗎？如果你不相信他們吃很多，我們可以來玩個遊戲。

假設有個沒有在生長的小孩，並且他只需要相當於他自己體型的食物量；也就是說，一個 30 公斤的小孩，吃的量是一個 15 公斤小孩的兩倍，一個 60 公斤成人的一半（當然，這不是真正的比例，所以你們那些營養學家們不要生氣。實際上，就比例而言，體型小的動物吃得比體型大的動物多。我只是試著用視覺上的舉例來說明體型和進食量之間的關係）。

根據這個比例，如果一個 5 公斤的寶寶一天喝下 750 毫升的奶水，那麼一個 50 到 60 公斤的女性就需要十到十二倍的量，也就是 7.5 到 9 公升的奶水，你能喝得下那麼多嗎？當然不可能。就他的體型來說，你的寶寶吃得比你多，多非常多！這可以用來解釋一個事實，就是他正在生長而你沒有！

・活動

小小孩的活動量很大，我們常常會聽到，「他吃得那麼少，我不知道他打哪兒來這麼多精力。」或是「難怪她都不長肉，吃進去的東西都被她消耗光了！」

如果我們停下來想想這件事，我們也會見到許多活動量不大的孩子。新生兒動得很少，一歲的嬰兒走路緩慢而且步伐短促，他們到哪兒都是別人載著，自己很少真正地「做工」。他們無法撐起重量，更別提甚至是他們自己的體重。

比起小孩，成人需要花更多的能量跋涉相同的距離，因為移動 60 公斤所需要的能量比移動 10 公斤多。「光是看著他們，就夠讓人筋疲力竭了……」這是另一個對孩子們有著無窮精力的評論。這很可能是對的，但是一個小孩在他的遊戲時間裡所耗費的能量比一個女人逛街購物時還多是不太可能的。

吃是為了活著，還是活著是為了吃？

　　圍繞在嬰幼兒營養議題上一個最大的迷思是——「你必須吃東西才會長大」的想法。許多人相信生長是因為營養良好的結果。但情況不是這樣！只有在真正營養不良的情況下，生長才會受到影響。

　　如果你買的是迷你貴賓狗，你只需要花一點點的錢來餵養牠；但如果你買的是德國牧羊犬，光是買狗糧就可能讓你破產！難道你真的相信，如果你餵你的迷你貴賓狗多一點，最後你會擁有一隻德國牧羊犬？

　　真相是，小孩的生長並不是因為他們吃了什麼，他們吃是因為正在生長。如同迷你貴賓狗和德國牧羊犬的身型大小和體積與牠們的基因密切相關，每一隻動物都會攝取達到牠正常體型所需的食物量，不多也不少；人類也不例外。那些將來個兒高、塊頭大的成人總是吃得比將來矮小、纖瘦的人還多。

　　一歲到六歲之間的小孩，生長速度比較慢，就比例上來說，吃

的量會比生長快速快的六個月大嬰兒或十二歲小孩少。不管你餵一個兩歲小孩吃多少，他都絕對不可能長得和一個六個月大或十五歲的孩子一樣快，反之亦然。

　　限制一個小孩的飲食並不會讓他將來長得比較小，除非他是真正的營養不良。舉例來說，我們知道在過去的幾十年來，徵募來的年輕新兵體型變得比較大，一部分原因與營養狀況的改變有關。然而，比較一下那些在戰爭貧乏年代中長大的人和那些享受近代繁榮的人，兩者之間的差異只有幾公分。

　　成人個體的體型基本上取決於基因，只有少部分與營養有關；個頭高的父母通常有個兒高的小孩。孩子在特定時段的生長速度主要取決於年齡，和遺傳基因只有少許相關；一個十三歲的女孩，無論她的家人有多矮，一定長得比一個三歲小孩快，而且她也會比較餓！

為什麼他們不想吃蔬菜？

「我沒辦法讓我那七個月大的女兒吃蔬菜。」

對上述的說法，我並不感到意外。我八十九歲高齡的父親在他的一生中從來沒有吃過煮熟的蔬菜（除非你認為番茄醬是一種蔬菜）。他會吃些生菜沙拉。結婚前，當他在寄宿家庭度過漫長的工作季節時，他總是告訴廚師他有潰瘍，他會說醫生禁止他吃蔬菜，儘管這種飲食看似不可能，但他總能設法利用他的「體弱多病」得到特殊的膳食。由於他這個特殊的飲食偏惡，我們在家從來沒有吃過蔬菜，因為我媽媽根本連買都懶得買。

我父親憎惡蔬菜的程度勝過我所認識的任何人。當我準備寫這本書時，我問了他理由是什麼，他的回答是，「他們試著強迫我吃蔬菜。我媽媽會將蔬菜端上桌，然後不管我怎麼說我一點也不在乎蔬菜，她會更加地堅持，直到我被送上床，不准吃晚餐。」他補充說，即使是在戰爭的時候，也沒有人能逼他吃蔬菜；而且曾經有一次，他有整整三天沒有食物可吃，因為那時唯一能得到的食物只有蔬菜。

　　1900 年代初期（請參見「歷史回顧」，第 300 頁），蔬菜和水果直到很晚才被加進兒童的飲食中，大約是在兩歲或三歲的時候，並且是小心謹慎地給予。由於他們喝母乳，這些孩子就算沒有吃蔬菜和水果也沒事，因為母乳提供了所有必需的維生素。

　　當人工餵養＊開始變得比較普遍時，寶寶們開始缺乏某些維生素（事實上，廠商們花了數十年的時間，才將所有必要的維生素加進嬰兒配方奶粉裡）。這使得添加蔬菜和水果的時機要更早這件事變得十分必要，但有一個問題：蔬菜水果的熱量含量很低。

小孩需要熱量高、體積小的食物

　　小小孩的胃比較小，他們需要熱量高但是體積小的濃縮食物，這是造成嬰兒營養不良的主要原因之一。在許多國家，兒童會營養不良，但成人則不然。

＊註：人工餵養係指餵食嬰兒配方奶。

如果認為是因為成人將食物都吃光而沒有留給孩子們，這種想法是錯誤的。不管是在這裡或是任何其他地方的父母（尤其是媽媽），都很關注他們的小孩，並且很樂意放棄自己的食物來餵養小孩。

　　但問題是──很多時候，家中唯一能得到的食物只有纖維量高但熱量低的蔬菜和根莖類。成人能夠吃下全部他們所需要的量，因為他們的胃夠大，而且只要能吃到足夠的量，任何食物都會讓人發胖。小小孩，就算他們再怎麼努力，也無法吃到所需要的蔬菜量，因為他們的胃沒有足夠的空間。

　　每 100 克的母乳有 70 大卡（千卡，俗稱卡路里），相較之下，每 100 克煮熟的米飯是 126 大卡、煮熟的鷹嘴豆是 150 大卡、雞肉是 186 大卡、香蕉是 91 大卡；但是每 100 克的蘋果只有 53 大卡、柳橙是 45 大卡、煮熟的紅蘿蔔是 27 大卡、煮熟的高麗菜是 15 大卡、煮熟的菠菜是 20 大卡、綠豆是 15 大卡、萵苣是 17 大卡。這還是這些食物已經被有效地瀝乾的前提下，如果連烹煮過程中的水分也算進去的話，實際上會更少。

蔬菜的纖維量高但熱量低

　　幾年前，有一位科學家非常好奇地去分析了幾位馬德里的媽媽為她們小孩準備的嬰兒食品[3]，那些食物是由蔬菜和肉類做的。他發現，平均的熱量是每 100 克含有 50 大卡，這是平均值。有些每 100 克僅有 30 大卡，這還是有包含肉類在內的，你可以想像如果只含蔬菜的結果會是什麼？你還在懷疑為什麼你的小孩喜歡吃母奶勝過吃蔬菜嗎？你是否仍然相信，「你得多餵他吃些固體食物＊，否則他永遠會長不大？」

　　如果不多加干涉，小小孩很少會拒絕吃蔬菜，這與口味無關。通常他們會樂意接受，並且吃上幾口富含重要礦物質和維生素的蔬菜，但是只有幾口。有些媽媽會試著給他們一大盤這些「健康的」食物。然後更糟的是，她們打算用這盤蔬菜取代熱量通常是三倍以上的乳房或配方奶！

＊註：本書中指的固體食物（solids），意同俗稱的副食品。

「他們想要餓死我！」小孩如此想著。他對於我們的努力感到驚訝，接著不出所料，他拒絕接受這項不公平的交易。於是戰爭就開始了，然後這個孩子可能就變得非常厭惡水果和蔬菜，以致於後來當他長大可以自己吃蔬菜水果的時候，他卻再也不想吃了。

 ## 很多孩子在 1 歲的時候停止吃東西了

　　正如我們所見，相對於體型，寶寶們吃的比成人還要多很多。這意味著在通往成年路上的某一處，他們必須開始吃得少一點，通常這個情況發生的時間早而不是晚，使得許多媽媽感到驚訝和恐懼。

　　寶寶大約是在一歲左右時會「停止吃東西」，有些是在九個月大時，其他的則堅持到十八個月大或兩歲，很少有人會繼續吃東西，而有些孩子則是「從出生以來就沒有好好地吃過東西！」

生長速度趨緩，需要的食物量減少

這種變化背後的原因是我們先前提過的，生長速度變得較為緩慢有關。寶寶在第一年的生長速度，比起他們離開子宮後的任何時期都還要快。相反地，在第二年，生長速度變慢很多，大約只有9公分和2公斤。最終的結果是，孩子因為活動力增加，所以活動所需的能量需求增加，但又因為孩子長大了些，維持生命的能量需求也增加；然而，生長所需的能量大大減少，導致孩子需要的食物量與以前相同或是更少。

根據專家所說，十八個月大的寶寶吃得比九個月大的寶寶稍微多一點，這是平均來說。實際上，許多十八個月大的寶寶吃得比他們自己九個月大時還少。父母們對這項事實一無所知而犯了無心的錯誤——如果他在一歲的時候能吃下這麼多，那麼兩歲的時候他應該可以吃下兩倍的量。結果就是媽媽試著餵小孩兩倍的量，而孩子卻只需要一半的量，最後衝突無可避免，有時甚至很激烈。

此外，很多寶寶吃的食物很水，像是磨成泥的水果和蔬菜，當最後終於給他們固體食物時，像是義大利麵、雞肉、洋芋片、麵包

或是鷹嘴豆，當然他們需要的量就小很多了。

上述階段會持續多久？情況看起來似乎是短暫的。從祖母、鄰居還有醫師們那兒得到的建議，媽媽們有時候會相信她們的小孩能「隨著年齡增長而改正」。事實上，許多孩子在五到七歲的時候確實開始吃得比較多，因為他們的體型變大了，但是這食量上小小的進展常常不足以滿足家人的期望。

每個孩子所需要的食物量不同

另一方面，每個人所需要的食物量差異性很大，有些小孩比同齡和同體型的同儕吃得多很多或少很多；另一方面，父母們的期望也可能差異很大。有些媽媽只要孩子把他碗裡的通心麵吃完就會很開心，與此同時，另一些媽媽會想要孩子將肉、馬鈴薯吃掉之外，還要加上一根香蕉和一個優格！

不知道什麼原因，許多孩子在青春期以前都是小食量一族，然後，當生長緩慢的兒童期中期進入青春期的成長加速期，這群孩子

有著無法滿足的飢餓感，出乎他們媽媽意料之外與驚喜，他們將冰箱裡的所有東西都拿來吃，「把家裡都吃光、吃垮了！」

　　一位名叫克莉斯汀娜的媽媽，清楚地記得她兒子在十五個月大時停止吃東西的那一刻：

　　我那十六個月大的兒子一直以來都是個吃得很好的小孩，蔬菜泥、雞肉泥、魚或蛋、水果、米飯和義大利麵都吃，他唯一真的不太喜歡的食物是嬰兒麥片。他還堅持要自己吃，我們也隨他去（雖然這樣他會吃得少一點）。

　　我們的問題大約在一個月前開始，現在他不吃東西了！我不是指他拒絕某一樣食物而願意接受其他種類，而是他吃個兩、三口，然後就不願意再多吃了。我們已經嘗試過很多方法，給他蔬菜、不同的黏稠度、用別的事情取悅他（他的祖父、祖母甚至抱他到陽台餵他）。

注意克莉斯汀娜說的話，彷彿不經意的提到：她的小孩「堅持」要自己吃，不過那意味著他會吃得少一點。在六個月大到一歲之間，小孩通常會進入一個想要自己餵自己，並且樂在其中的階段，當然，他們會吃得少一點，花得時間多一點，還會搞得髒兮兮的。

如果媽媽願意接受這些小小的不便，她的小孩很有機會在接下來的人生中會持續地自己餵自己吃東西；如果為了迅速和方便（尤其是為了讓他吃更多），媽媽決定自己餵寶寶，幾年後她很可能會後悔這個決定。兩、三歲的小孩，通常表現出自己進食的興趣已經不像他們一歲以前時那樣了。

 ## 其他孩子在人生中從來沒有好好地吃過！

某些案例裡「挑剔的食客」出現得更早，像是在出生的頭幾個月或頭幾週。所有的孩子都是不相同的，有些孩子需要的食物比其他孩子少很多。

有些時候，小孩吃得跟他的同儕一樣多，但是安琪拉並沒有注意到：

問題從在醫院時就開始了。每次當我試著親餵他時，他就會開始哭，僵持好一陣子之後，他會含上乳房一下下然後又放開，這樣的情形每兩、三個小時就發生一次。

等我們回家以後，事情變得更糟。寶寶整天一直哭，而我也整天一直試著將我的乳房塞到他的嘴裡，他似乎不知道該如何吃奶。我的大兒子也是滿眼淚水，因為我根本沒有時間陪他。

終於，在第三週的時候，我再也無法忍受了，所以我開始用奶瓶餵他。一開始，情形有些改善，但是現在，情況再度變得讓人無法忍受。光是餵他 100 或 120 毫升，可能就得耗上一小時或更久，有幾餐他幾乎喝不到 70 毫升。

他唯一吃得好的那一餐是在洗完澡，那時他可以喝上 180 毫升。他一整天只喝了 600 到 700 毫升，他的體重也增加得很緩慢，有幾週，他的體重增加不到 100 克，他在三個月大時的體重是 5.8 公斤。

安琪拉的寶寶，體重完全正常，位於第 20 個百分位（有六分之一的孩子體重更輕，請參見第 66 ～ 71 頁）。他喝了 700 毫升的奶水（大約是 490 大卡），這是正常的，雖然也許可能低於醫生所建議的量。

　　許多書建議每公斤體重需要 105 到 110 大卡（對安琪拉的寶寶來說大約是 900 毫升），但是比較近年的研究指出 [4]，平均的熱量需求大約是 88.3 大卡 / 公斤，而兩個標準差的最低需求量是 59.7 大卡 / 公斤，以這個寶寶來說是 732 毫升和 495 毫升的奶水。

　　對那些被數字搞昏頭的人，我再重說一次，意思就是三個月大的瓶餵寶寶，有一半的寶寶，他們的奶水需求量少於 730 毫升，有些只需要 500 毫升。

　　然而，很多教科書還在建議 900 毫升，有些甚至四捨五入到 1000 毫升。這些數字指的是淨需求，現實卻告訴我們，孩子們有時候會吃得多一些和吐出部分來。在佛曼（Fomon）[2] 研究的 380 名健康的三個月大男寶寶中，有 5% 的寶寶，喝進去的奶量少於 660 毫升，這是實際的攝取量。

「那些幾乎不在生長曲線」上的孩子

　　有些情況，出現的問題不是餵奶的時間被認為「太短」，而是孩子增加的體重被認為「太少」。世界上有各種不同體型的人，任何一個早晨，當我們跑腿辦事的時候，我們可能會遇見 50 公斤或是 100 公斤的人。人們真的相信這些人在三個月大時的體重是一樣的嗎？那麼，為什麼接受我們的孩子們有不同的體重這件事這麼難？

　　我有一個三個月大、親餵母乳的女兒，到目前為止，她的體重都增加得不錯，每週增加 200 或 250 克。兩週前，我帶她去看醫生，這次她只有增加 80 克。她出生時的體重是 3.2 公斤，看診的時候是 5.82 公斤。醫生建議補點配方奶，但是每當我用奶瓶餵她，她都拒絕接受。我已經試過各種不同牌子的奶粉和奶嘴，她仍然拒絕使用奶瓶，她會哭上四、五個小時甚至拒絕乳房。我試著添加一些麥片到配方奶裡，然後用湯匙餵她，她一樣不接受，她只想要吸我的奶。我沒有辦法再這樣下去了，看著她沒有增加該有的體重，我很擔心她的健康，醫生說她已經越過了紅線。

哪條紅線？根據世界衛生組織（WHO）的生長曲線表，這個寶寶的體重高於平均值，她的體重可以是介於 4.6 到 7.4 公斤之間，她在三個月裡增加了 2.62 公斤，每個月增加超過 850 克。她唯一越過的紅線是衡量她媽媽忍受度的那一條！僅僅因為有人誤判了生長曲線表，結果增加了媽媽多少個小時的痛苦？還有數不清的奔波在商店間購買新的奶嘴和新的配方奶？到底寶寶要拒絕多少次奶瓶才能讓你知道她並不想要更多的食物？

這個例子顯示了兩個基本問題，一個是對於體重曲線表的一般解讀；另一個是母奶寶寶的生長速率。

 什麼是體重圖表？功用為何？

在下一頁有一張體重圖表的舉例；這張表完全是編造出來的，我只是用它來簡單說明每一條線代表的意義，所以不要在上面尋找你寶寶的曲線！

　　有各種不同的體重圖表，美國的圖表（世界衛生組織在還沒有自己的圖表之前曾經用來建議全世界使用），還有其他國家的圖表，像是法國、英國、西班牙等等。順道一提，它們都不太一樣，所以如果有位小兒科醫師或護理師剛好看到全部的圖表，可能得花上一整個週日的下午來比較其中的異同。

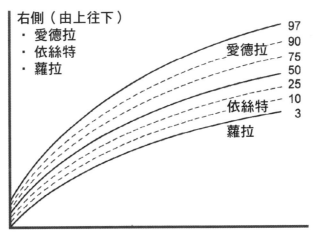

體重圖表（範例A）

圖表右側的數字稱做「百分位」。第 75 個百分位的意思是說，在一百個健康的兒童中，有 75 個兒童的體重在這條線以下，有 25 個兒童的體重在這條線以上。在有些圖表中，兩條極端的曲線是用 95 和 5 而不是 97 和 3。

　　其他圖表不是使用百分位，而是採用平均值和標準差。這一類的圖表從下到上有五條線，對應 -2、-1、平均值、+1、+2 個標準差。對了，第 16 個百分位的健康小孩會在「-1」的下方一點點，而略高於第 2 個百分位的會位於「-2」的下方一點點。

　　我們在這張圖表上擺上三個假想小女孩的體重，她們的年紀相同（範例 A）。

　　愛德拉的體重完全正常，然而跟她同齡的女孩只有 6%比她重；依絲特的體重雖然比愛德拉輕了 1.5 公斤，她的體重也屬於正常，不過跟她同齡的女孩有 85%比她重，你不能說依絲特長得不好，體重輕，或是「幾乎剛好在曲線」上。一個很常見的錯誤是希望所有的孩子都在平均值以上，然而根據定義，有一半的小孩會落在第 50 個百分位以下。

那蘿拉呢？她在最下面那條線的下方，很多時候，這種體重被認為是「長得不好」。但是請注意，最下面那條線指的是「第 3 個百分位」，意思是有 3% 的健康兒童會落在這條線下方，這並不是一條區分健康兒童和生病兒童的曲線，而只是一個警訊，提醒小兒科醫師「注意這個孩子，雖然她可能是健康的，但是她也可能是生病了」，那麼小兒科醫師要如何知道在第 3 個百分位以下的孩子，哪一個是健康的？哪一個是生病的？那就是為什麼醫生要去念醫學院的原因了。

我們已經強調過好幾次，有 25% 健康的兒童會落在第 25 個百分位以下，這些圖表是在測量了成百上千個健康小孩的體重後所製成。在製表的過程中，如果孩子是早產兒、患有唐氏症、有嚴重的心臟問題，或是因為嚴重的腹瀉在醫院待上好幾週，那麼就不會用他的體重來計算平均值做成正常的體重圖表。

同樣的道理，如果你的孩子有上述的情況之一，他的體重將很可能不會遵循正常的生長曲線。一個患有慢性疾病（或是最近有急性病症）的孩子，和那些被標籤為「低體重」的孩子，會這樣並不是因為他不吃東西，而是因為他生病了。強迫他吃東西並不會治好

他，反而只會折磨他和害他吐出來。

在下面這張體重圖表（範例 B），我們現在已經在上一頁編造的體重圖表（範例 A）上加入另外兩個假想的女孩，在上面的是塔瑪拉，她的體重，如你所見，落在第 90 到 97 個百分位，有些人會說她的體重「照著曲線」長。

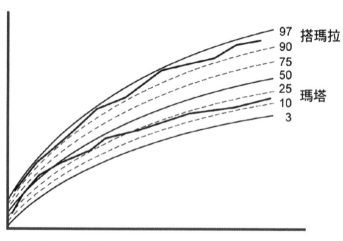

體重圖表（範例 B）

下面那條線是瑪塔的體重。我們看到有一個點是她的體重超過第 50 個百分位，但是接著她的曲線又靠近第 10 個百分位，瑪塔發生了什麼事嗎？很可能沒事。當然，如果她的曲線變化太快或是太陡，她的醫生會好好地檢查她的狀況，確定她沒有什麼潛在的問題。不過，最可能的情況是他找不出哪裡不對勁。

體重不一定需要照著體重圖表增加

很簡單，因為體重圖表並不是需要照著走的路線圖，說得更精確一點，它們是複雜的統計後所呈現出來的數學圖表。代表百分位的曲線並不對應於任何一個特定小孩的體重增加情形，而任何一個小孩的體重也不需要遵照任何一條線，下一張圖表（範例 C）會解釋得更清楚。

為了達成讓我們在兒科歷史上占有一席之地的這個唯一目標，我們沒有複製美國或西班牙版的圖表，而是制定了我們自己的圖表（第一張虛擬的圖表，因為我們只秤重假想的寶寶）。我們追蹤了兩個女孩和她們頭一年的體重，用下面兩條粗線代表。

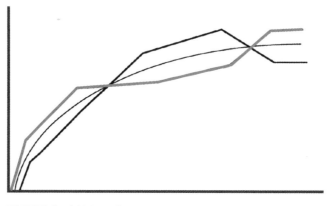

體重圖表（範例 C）

　　細線則是這兩個女孩體重的平均值。其中一個女孩最開始的體重在平均值的上方，之後下滑到平均值以下；另一個女孩開始時的體重在平均值的下方，之後上升超過平均值。兩個女孩中，沒有一個是照著平均值。我們會說這兩個女孩有營養上的隱憂，因為她們的生長沒有按照所謂的「曲線」嗎？當然不會！沒有按照兩個女孩的「曲線」走的是那個平均值。

　　當然，體重圖表不是只有利用兩個女孩來繪製而成的，而是好

幾百個。你能想像事情會變得多麼複雜嗎？

 ## 母奶寶寶的生長

我們在左頁看到瑪塔的體重增加情形，對母奶寶寶來說相當典型。過去最常被使用的體重圖表是很多年前所制訂的，當時大部分的寶寶都是瓶餵配方奶，有餵母奶的話也是只有餵幾週。近來，越來越多的孩子接受母奶哺餵長達好幾個月，他們的生長並不遵循舊的圖表。

1990 年代，在美國、加拿大和歐洲的一些研究 [5,6] 已經指出，母奶寶寶的體重，通常在頭幾個月增加的比生長圖表上的快，但是接下來會開始變慢，並且體重的百分位也會往下掉。到了六個月大之前，他們已經喪失了在開頭幾個月體重領先的優勢，到了一歲時，他們在圖表上看起來已經是「低」體重了。

由於這些發現，世界衛生組織根據不同種族並且接受母乳哺餵

超過一年以上的兒童，制訂了一系列新的兒童生長標準。經過一段時間的延遲，新的生長標準終於在 2006 年發佈，你可以在 www.who.int/childgrowth/en/ 這個網址找到它們。針對母乳哺餵和瓶餵配方奶的兒童，並沒有另外分開不同的生長標準，相同的標準適用於所有的兒童 [7]。

與舊的美國兒童生長標準相比，新的世界衛生組織的標準在兩個月或三個月大時的生長數據比較高，但在六個月大和之後比較低。這頭幾個月的差異看起來是因為美國的兒童生長標準建構不佳，所使用的數據很少。

在西班牙，最常被使用的兒童生長標準是畢爾包（Bilbao）的奧比戈佐基金會（La Fundación Orbegozo）的標準。頭幾個月大時的身高和體重標準幾乎和世界衛生組織的標準一模一樣。但是，在五到六個月大或更大的兒童中，儘管身高的標準仍然大致相同，但體重的標準則有所不同，世界衛生組織的兒童生長標準少了 300 至 500 克。所有的座標，像是第 3 個百分位、中位數和第 97 個百分位，都比較低。也就是說，寶寶在世界衛生組織的兒童生長標準上維持在同一個百分位，但用西班牙的生長標準來看時，百分位就往下掉了。

　　許多國家已經正式採用世界衛生組織的兒童生長標準，西班牙很可能在不久的將來也會跟進。在那之前，很多媽媽可能會在小孩八、九個月大時被告知孩子的「百分位正在往下掉」。

母奶寶寶的生長與瓶餵寶寶不同

　　為什麼母奶寶寶的生長跟他們瓶餵配方的同儕有那麼大的不同？我們不是很清楚，但無論如何，這並不是因為食物攝取不足。在第一個月，當他們喝的只有母奶時，母奶寶寶的體重跟配方寶寶一樣重或是比較重，在六個月到十二個月大的時候，固體食物（副食品）跟奶水一樣都成為飲食的一部分時，母奶寶寶的體重會稍微輕一些。

　　如果一般所說的「母奶已經不夠了」這句話是對的（這句話完全是愚蠢至極，因為母奶永遠比配方奶營養，也優於固體食物），那麼小孩應該會餓而且會吃更多，因此體重的增加會跟配方寶寶一樣。但是他們並沒有想要多吃一點固體食物（副食品）的樣子。其中的差別很明顯，由於某些原因，人工餵養＊所產生的生長速度與母

―――――――
＊註：這裡指餵食配方奶。

奶寶寶的生長模式並不相符。

在本書的第一版我寫過，「我們不知道這樣過度生長可能導致的長期後果是什麼」，現在我們知道了。一些研究 [8,9] 已經發現，哺乳少於六個月的兒童有比較高的肥胖比例，並且有較高的可能在四到六歲時的體重過重。

不是所有的小孩都以相同的速度生長

我那八個月大的寶寶，她在過去的四個月，體重都沒有增加，一直維持在四個月大時的 7.45 公斤，身高也只有增加一點點到現在的 71 公分。

她的醫生已經對我說，如果這個月她再不增加體重，他會讓她抽血檢查，看看她是不是缺乏了什麼，如果查不到異常，那她就只是不餓，就是這樣……她吃得很少，她拒絕湯匙餵食，當我要她吃東西，她會吐出來。她所有的食物都得用奶瓶裝著，水果、濾過的嬰兒食品和麥片。

孩子在四到八個月大之間的體重完全沒有增加，這當然不是「正常」的（以「一般常見」的情形而言），為了釐清這並非只是一個偶發的事件，還可能是疾病的徵兆，你需要更多的資訊，包括醫師為了確定寶寶沒有生病所謹慎開立的抽血檢查。

但是如果沒有查出什麼問題，最好耐心地等待，她就只是單純的不餓，就是那樣而已。尤其是四個月大時的體重要那麼重也不常見，她幾乎算是在第 95 個百分位；她在八個月大時的身高也算高，遠高於平均值。

她所有的抽血檢查結果都是正常的，這個小女孩在十三個月大時的體重是 8 公斤，而且仍然對食物不感興趣。看起來就好像是這個小孩在頭幾個月時增加了所有的體重，然後就停止增加了，而不是持續緩慢和穩定地增加。

有一種特別的生長速度常常會讓父母抓狂，所謂的體質性發育延遲（constitutional growth delay）。這只是正常情況的一種變異型式，而不是疾病。這些是生長不遵循任何一種圖表的孩子，他們有自己的生長曲線。他們在出生時的體重正常，接著也可能正常地生

長了幾個月，但是在三個月到六個月大的某個時候，他們踩了剎車，開始生長得非常緩慢，體重和身高都是。

他們常常「掉到曲線外」，身高和體重都低於第 3 個百分位，然而，他們的體重對應到他們的身高是適當的。如果醫師開立檢驗單，會發現所有的檢查結果都是正常的。多年來，他們位在兒童生長標準表的邊緣或掉出去了，然後大約在兩、三歲之間，他們開始以正常的速度生長，但仍然維持在第 3 個百分位。他們的青春期通常比其他兒童稍微晚一些，因此有更多的時間可以生長，他們最後達到完全正常的體型，成人時的身高在平均值。

這是一種遺傳的特徵，而且可以相當讓人放心，尤其是當奶奶記得小孩的爸爸（媽媽）或某個叔叔（舅舅）「一開始也是長得很小，而且從來都不想吃東西，醫生老是要開維他命給他」，而在這一切的最後，他長大了。

讓我們來看一個典型的例子：

　　我的女兒十八個月大，我還在親餵她母奶，雖然我周圍百分之九十九的人都發表了負面的評論。問題是在她四個月大的時候，我回到工作崗位，她就開始吃得不好，體重也開始減輕，她目前的身高是 73.2 公分，體重是 8.69 公斤，她已經做過檢查，所有的結果都是正常。

　　根據世界衛生組織的兒童生長標準，十八個月大孩童的第 3 個百分位是 8.2 公斤和 75 公分，而這個女孩是 73 公分和 8.69 公斤，表示她的體重比上身高（weight for length）的數值高過第 25 個百分位。為了檢查她的生長激素，這個孩子已經看過內分泌科醫師，她的檢查結果正常，所以現在剩下可做的事就是等待個幾年。

　　由此推論，當一個孩子的生長是像這樣緩慢時，他會吃得甚至比其他孩子更少。

從那次生病（感染病毒）後，他就不吃東西了

　　一般來說，小孩的飢餓感會逐漸地減少，但是因為外來的事件（生病、開始上托兒所、弟弟妹妹的誕生等）所引起的食慾降低並不少見。

　　我的寶寶剛滿十一個月，自從我們開始給他吃固體食物（副食品），他就一直吃得非常好，直到大約兩週前，他本來會吃些魚、雞肉或羊肉。然而突然之間，他完全變了：現在他只有偶爾會願意吃這些食物，而且一次絕不會超過5、6口（如果我試著要他多吃一些，他就會吐出來）。有幾天我會設法給他食物泥，分成兩餐餵他。我不知道這是不是跟他過去兩週都在生病有關，鼻水流得厲害、發燒和咳嗽。

　　小孩就跟大人一樣，當他們生病的時候會沒有食慾。誰沒有過在重感冒時胃口盡失？誰沒有過頭痛欲裂時，寧願不吃晚餐而去睡覺？誰沒有過因為胃痛不舒服而不想吃東西？這只是暫時的食慾降低，當病毒還持續存在時，通常會持續個幾天，然後就消失了。如果小孩的體重已經減輕，他可能會有幾天吃得比平常多，想要把體重「追回去」，直到恢復所有失去的體重為止。

　　如果病況比較嚴重，這種食慾不振的情形也許會持續幾週，孩子可能要在完全康復後，食慾才會恢復。

　　當你試著要讓一個生病的小孩吃東西，最常見的結果是他會吐出來。他甚至可能會對吃東西和湯匙產生恐懼，這個恐懼也許會持續到即使他已經比較好轉之後。如果一個小孩真的餓了，即使你試著強迫餵他，也無法使他失去胃口；但是如果是一個快要一歲的小孩，大部分這個年紀的小孩，似乎不管怎樣看起來都像是沒有胃口，生病加上試圖強迫他進食，很可能會引發不可避免的災難。

　　無論如何，小孩遲早會「停止吃東西」，但是衝突在幾週前就開始了：

自從他得了支氣管炎，他就不吃東西了。每一天他吃得愈來愈少，他已經快要七個月大了，依然還是不吃東西。

更糟的是，媽媽有時會將食慾不振歸咎到那次生病上面，而且直到孩子開始吃東西之前，她會持續相信（有時候是不自覺地）小孩自始至終從來沒有從那隻病毒、拉肚子、中耳炎或咽喉炎中「完全康復」。通常這會導致媽媽更竭盡全力地堅持小孩必須吃東西，因為她認為「為了好得快一點，他必須吃東西。」

安納貝爾的故事，可以讓我們知道這樣的惡性循環能到達如何極端的狀態：

我有一個十六個月大的小男孩，從九個月大開始，他就拒絕張開嘴巴吃東西。他在夏天的時候得了幾次腸胃炎，醫師開了一種必

須用湯匙餵的藥，從那時候起，他就恨死湯匙了，至少我自己是這麼想的。

　　問題是現在為了要讓他吃東西，我必須努力地讓他分心，當他看向別的地方時，趕快用湯匙把食物塞進他嘴裡讓他吞下去；有時候，當我偷偷地將湯匙塞到他嘴裡時，他會作嘔。但是現在我有更大的麻煩，因為他會咬緊牙關，我甚至無法讓湯匙靠近他的嘴巴，吃飯時間對我們兩個來說都是折磨。

過猶不及，剛剛好最健康

　　一個真的不吃東西的小孩會發生什麼事？他的體重會減輕。如同媽媽們所熟知的，新生兒很容易在出生的頭兩、三天體重就掉了200克，但是只要哺乳順利，失去的體重很快就會恢復。

　　讓我們假設體重減輕的幅度更少，比如說有一個小孩每天減輕10克好了，那麼一年365天下來就將近是3.65公斤。如果新生兒少了3.65公斤還會剩下什麼呢？幾乎跟一塊乾淨的尿布差不多重了。

又假設體重以相同的速度減少，一個大一點兒、10公斤重的小孩，不到三年，將會從我們的眼皮底下消失。

如果一個小孩吃下所有大人想要餵給他吃的東西會發生什麼事？讓我們假設有個孩子已經吃下所有他需要的量，經過很多努力之後，你終於又讓他多吃了一些，比方說，足以讓他每天增加10克體重的量（超出他正常情況下應該增加的體重），也就是每年大約增加3.65公斤。那麼兩歲時，他的體重將不是12公斤而是19公斤；到了十歲，他會是65公斤而不是30公斤；二十歲的他將是135公斤，而不是60公斤。

這看起來不就是讓你的小孩變成怪物般的胖子嗎？那還是每天只有增加10克的情形。為了增加10克體重，一個小孩需要吃多少呢？根據統計，要累積1公克的身體脂肪，一個人必須吃下10.8大卡[2]。意思是說，為了要增加10克，必須攝取108大卡，這個份量幾乎是一份草莓優格、半個巧克力甜甜圈、一罐嬰兒食品，或是250毫升（一杯）的果汁。

如果你的小孩每天多吃下一份優格，你會感到開心嗎？大概不會。許多媽媽會準備一大盤的食物，結果小傢伙只有吃上一至兩口。如果孩子每天都把盤子裡的東西吃光光，那他會增加多少體重？20克或30克？你能想像你的小孩在十歲時的體重是100公斤或135公斤嗎？

我們的新陳代謝功能允許許多重要的適應調節。實際上，多吃一口或兩口食物可能不會影響我們的體重。但是每件事都有限度，很多媽媽期望她們的孩子應該理所當然地吃下他們現在食量的兩倍，但是沒有人可以吃下自己需求量的兩倍後還能保持健康的。

小孩的防衛三部曲

孩子們必須自我防衛，如果他們吃下大人希望他們吃的每一樣東西，他們可能會生重病。幸好他們有策略性的防衛計畫來對抗過多的食物，一個他們會自動實行的計畫：

· 第一道防衛：

緊閉嘴巴和轉過頭去。

我那十一個月大的女兒，從八個月大開始體重就沒有增加過了，她那時候是 8 公斤，現在也是 8 公斤。她似乎永遠都不會餓，我們必須用玩具轉移她的注意力，好讓她吃點東西，但是很多時候她會把臉轉開，然後緊緊地閉上嘴巴，完全拒絕吃東西，在那個時刻，我們根本沒有任何方法可以讓她把東西吃下去。

案例中的孩子正在溝通一件事（用比她如果會說話還要大聲的方式）——她不想吃東西，一個聰明的媽媽不會試圖去強迫這件事，（順道一提，這年紀的孩子停止增加體重的情況並不罕見，很多同年齡的正常女孩體重還不到 8 公斤）。

‧如果媽媽繼續堅持，孩子就會退到第二道防衛：

他會張開嘴巴但是不吞下去，液狀和泥狀的食物會從他的嘴角流出來，肉會變成一大塊纖維團，當他的嘴裡再也塞不下時，最終還是會被他吐出來。

我那八個月大的兒子原本很會吃，直到一週前，有一天他開始拒絕吃東西，起初只有傍晚的水果不吃，接著午餐的蔬菜他也不吃了，他的手法是將食物含在嘴裡不吞下去。最開始是含幾秒鐘，但是現在他可以含上半小時，而我完全無法讓他吞下去……。

‧第三道防衛：

如果案例中的媽媽再堅持一點，這個孩子也許可以吞下一些食物。然後他只剩下最後的武器——嘔吐！

我那四個半月大的孩子在他的一生中從來沒有好好地吃過一餐。出生後的頭三個月，我親餵他母奶，那時他有腹絞痛，體重增加得很少，一週只有增加 100 到 150 克。

　　當我開始瓶餵他以後，他會喝下前面的 40 ～ 50 毫升，然後邊喝邊哭，把剩下將近 100 毫升的奶吐出來。我有試過餵少一點，而且只在間隔 3 個小時，最多間隔 4 個小時才餵他。我曾試過趁他睡覺時餵，或是用玩具讓他分心時餵，但沒有一樣是試成功的。

　　我們在他四個月大時開始給他吃麥片，然而幸運之神依然沒有降臨，他仍舊吃得心不甘情不願的，但是會吃下一些東西，因為我已經決定無論如何都要他吃下去。這樣的結果是他的體重開始增加得好一些，每週長 250 克，但是每一餐都是場折磨。

　　一開始，我會先瓶餵，等他喝了最初的 50 毫升，接著開始餵麥片。我已經換過 5 個不同牌子的配方奶，結果都是一樣。他唯一接受的奶瓶奶嘴是安撫型的，最近他已經學會如何讓自己嘔吐，他甚至不需要努力嘗試，就直接吐出來。餵他平均大約得花上一小時，而我一天得餵他 5 次。

　　案例中的孩子在出生後的頭三個月，每週增加的體重是 100 ～ 150 克，屬於正常。而現在四個月大，每週增加 250 克，則屬不正常，以他的年紀來說，已經完完全全超過太多了。

　　在某一週這樣的增加也許是正常的，但是這年紀一個月增加一公斤是不健康的。他唯一的辦法就是哭泣和嘔吐，如果父母繼續堅持，或是用新的處罰或羞辱的方式來威脅他，好讓他不要嘔吐；亦或是訴諸藥物（止吐劑），讓他無法吐出來，那麼我們的小英雄就會沉沒了。

 ## 過敏造成的飲食問題

　　孩子拒絕吃東西的另一個理由是有些食物讓他感到不舒服，對某些食物過敏可能是危險的。下面伊莎貝爾的經驗告訴我們，未能察覺出過敏最初的症狀，可能會導致過早從乳房離乳，並且還會加重問題：

我的女兒七個月大，目前仍在哺乳。一開始每件事都很棒，如果事情由得了我的話，我會繼續哺乳得更久一點。但是在我看來，我女兒好像希望奶水的流速能再快一點，因為她會喝個 5 分鐘後就煩躁不安。過去這三個月來，哺乳變得非常困難，但是我確信母奶是對她最好的，所以我堅持繼續哺乳，直到我再也無法忍受，最後我決定離乳。我以為哺乳對媽媽和寶寶應該都是一件愉快的事，但是我所見到的卻是我女兒在每一次喝奶時的痛苦。

　　當我第一次餵她喝配方奶的時候，幾分鐘後在她臉上出現的紅色斑點把我嚇壞了，在等待醫師為她做過敏測試的那幾週，我只好繼續餵她喝母奶。

　　檢驗結果如同預期地呈現陽性反應。伊莎貝爾的寶寶在哺乳時所表現的症狀是明確的過敏反應，但當時沒有人注意到，即使在事後，當診斷都確定的時候，也沒有人向她解釋為什麼她女兒在餵奶時會有不適的行為。

　　許多媽媽會說她們的寶寶「拒絕乳房」，一個幾週或幾天前喝奶喝得很好的寶寶，突然變成只喝 5 分鐘或不到 5 分鐘，接著就開始哭，可能歸因於兩種很不一樣的狀況：

・第一種：

　　寶寶起初喝奶時很開心，心滿意足地喝不到 5 分鐘後就放開乳房，看起來很飽足的樣子。但因為媽媽曾經被告知，寶寶必須至少哺乳 10 分鐘，所以她會認為寶寶沒有喝夠，因而要寶寶再多吃一點；寶寶被強迫喝奶，自然變得不開心。

・第二種：

　　寶寶在開始喝奶時或多或少還算開心，但是看起來越來越不舒服，直到他含著眼淚放開乳房，有些媽媽解釋：「好像奶水會撞擊他的胃和弄痛他，然後他就痛到哭了」，描述得非常好，因為這正是在發生的事。

長愈大，吃奶的時間愈短

第一種情況是完全正常的，符合當寶寶愈長愈大，吃奶所花的時間正常地變短，我們稍後會再說明（請見「三個月大時的危機」）。除了理解孩子已經吃完了，並且停止試圖要他再繼續吃奶外，別無他法。

如果一連幾週，孩子都被迫接受乳房，他可能會開始對乳房感到嫌惡，甚至在被強迫吃奶之前就開始哭，這樣一來，會讓人更難分辨這是第一種還是第二種狀況。但是如果回頭想一想，也許你會想起來事情是如何開始的，並且意識到那時候的情況是典型的第一種狀況。

媽媽的飲食造成的過敏問題

第二種狀況，引起的原因很明顯是過敏，或是對媽媽所吃的某些食物或藥物產生耐受性不良，牛奶幾乎總是罪魁禍首，雖然也有可能是魚、蛋、花生、柑橘或其他食物。這正是發生在伊莎貝爾身

上的事，如果在那時候，她能將自己飲食清單中所有的乳製品剔除，就能替自己省下許多淚水和折磨，像是她女兒第一次喝下配方奶時所產生的警訊、不必要的離乳，以及伴隨而來瓶餵低過敏奶粉的辛勞（除了昂貴之外，味道又糟，導致很多嬰兒根本拒喝）。

為什麼伊莎貝爾的女兒在乳房上待了 3 分鐘就開始哭？有些牛奶蛋白（還有媽媽吃的其他食物中的蛋白質）會在母乳中出現，當然，量很少，而且很少會引起全身反應，不會像第一次喝配方奶那樣全身起紅疹。過敏反應通常發生在與這些物質接觸的地方，也就是孩子的食道和胃。這些地方在幾分鐘後會開始發炎並且不舒服，媽媽看不出異狀，但是孩子感覺得到而且會痛！

假若你的孩子也有類似伊莎貝爾的女兒一樣的症狀——進食到一半就開始哭，好像很痛的樣子（尤其如果他身上有濕疹和皮膚炎，那麼檢查是否對牛奶蛋白過敏是個明智之舉。為了做這項檢查，媽媽必須持續哺餵母乳，同時除去飲食中的牛奶、起司、優格、奶油和其他的乳製品。讓自己成為一位閱讀食品標籤的專家，這樣就可以避免吃進含有各種形式的乳製品。麵包、許多甜點、巧克力，甚至有些品牌的加工肉品以及「百分之百純植物油」的人造奶油都含

有牛奶的成分，仔細找找標籤上的「牛奶（milk）」、「奶粉（dried milk）」、「奶粉質（milk solid）」、「乳清（whey）」、「乳漿（milk serum）」、「牛奶蛋白（milk protein）」等項目。

你會需要花上七到十天不吃或不喝任何的乳製品，不過效果並不總是立竿見影的。曾經有一位媽媽，在她完全去除飲食中所有乳製品的五天後，母奶中仍然發現牛奶蛋白的存在。不要用豆奶取代牛奶，因為黃豆引起的過敏反應幾乎跟牛奶引起的一樣多。

如果經過十天之後，孩子的情況沒有改善，那他也許不是對牛奶蛋白過敏，可能是對其他的東西過敏，你可以試試看是不是魚或蛋？如果症狀很令人擔憂，你又不想花太多時間來搞清楚，也許最好的方式就是先避免飲食中所有的乳製品、蛋、魚、黃豆和任何你覺得可疑的食物，之後再一樣一樣地加回你的飲食中。

有些孩子會對兩種或兩種以上的食物過敏，他們的症狀只有在媽媽同時都不吃這些食物的情況下才會有所改善。我曾經遇過一個寶寶，他對牛奶和桃子過敏，很幸運地，因為他的媽媽注意到當她停止喝牛奶，開始喝桃子汁後，孩子的情況沒有改善而得知。

測試奶類過敏的方法

　　如果孩子的症狀在媽媽除去自身飲食中的乳製品後獲得改善，這也許只是個巧合，將牛奶再重新加回飲食中，看看會發生什麼事？但不是緩慢地加回去，因為這樣做引發的症狀可能很輕微，反而讓你困惑。一天喝下兩杯鮮奶，如果你的孩子沒有出現任何反應，那他就不是對牛奶蛋白過敏，他的情況「變得比較好」純屬巧合，測試到此為止是最好的方式。

　　若將乳製品重新加回到自己的飲食後，孩子又開始出現相同的症狀，那就證實了孩子對牛奶蛋白過敏。做好準備，哺餵母乳的時間盡可能愈久愈好，最好是兩年或更久，不要讓小孩接觸到任何牛奶的成分，不管是用奶瓶或是混著麥片，因為發生在伊莎貝爾女兒身上的事也可能發生在你的小孩身上。如果小孩的過敏非常厲害，連對媽媽奶水中微量的牛奶蛋白都會引起問題時，直接餵他喝牛奶可能會引起更嚴重的反應。

　　將乳製品重新加回到媽媽的飲食中是一個很重要的測試，有時候媽媽會被建議不要接觸所有的乳製品，好像孩子每一次的哭鬧、

所有的紅疹和鼻塞，牛奶毫無疑問地就是罪魁禍首。然後在接下來的幾個月、甚至幾年，媽媽都不敢喝牛奶或只敢喝一點，擔心是不是自己害了孩子。

並非所有過敏兒童都那麼敏感，以至於對媽媽吃進去的麵包、糕餅、含有少量牛奶加工製成的肉品都會起反應。為了確定過敏情況，在最初的階段非常嚴格地限制飲食是很重要的，目的是為了確定。之後，也許你可以吃一些上述那些食品，而孩子並不會出現不良的反應。媽媽的飲食控制得越多，小孩就越早擺脫過敏是有可能的，儘管目前我們還無法確定。

如果你發現乳製品正在影響你的孩子，請諮詢醫生。他也許會想幫孩子做其他的過敏檢測，並且在接到進一步的通知之前，不要再給孩子嘗試任何的乳製品，同時記得提醒家人和照顧孩子的機構。幼童通常在大約一到四歲左右，牛奶過敏就好像消失了，但有些案例必須是在醫師的指導下，甚至是在醫院裡，才能再次嘗試乳製品。

他真的一點東西都不吃嗎？

那是另一回事！正如我們先前提過的，有些十八個月大的寶寶吃的量比某些九個月大的寶寶少，但是也有很多寶寶吃得更多，只是他們的媽媽沒有察覺。營養知識並不是來自靈光乍現，而且在計算你的孩子攝取了多少卡路里時很容易出錯。

喝奶不算吃東西？

其中一個最常犯的錯誤就是認為「奶不算數」，包括母奶和其他種類的奶水。因為奶水是液體，許多人認為奶水只不過是水。然而事實上，奶水的熱量和蛋白質的含量都非常高。我們之前已經提過，許多嬰兒食品的熱量，尤其是蔬菜，甚至是蔬菜加上肉，還有大部分的水果，其所含的卡路里都比奶水低得多。

讓我們回顧一下亞伯特的例子：

我那十三個月大的兒子拒絕自己吃水果，我只能讓他吃下裝在奶瓶裡的梨子泥或香蕉泥，而且他只吃一點點，他不喜歡任何種類的果汁，也拒絕吃嬰兒麥片、優格和卡士達醬。

　　早上大約五點到七點之間，他會喝 240 毫升的奶加上水果當作早餐，有時候在午餐前，他會喝 180 毫升的奶加上麥片，中午到下午一點之間，我給他吃過篩過的蔬菜，加上雞肉、豬肉、蛋或魚。晚餐包括 210 毫升的奶加上水果和火雞肉做成的火腿。他不喜歡起司和其他東西，只喜歡麵包。晚上上床前，大約是八點半，他會吃過篩過的蔬菜，210 毫升的奶加上麥片。

　　小可愛亞伯特每天喝下 840 毫升的奶，加上水果、過篩過的蔬菜混著肉或魚、火雞肉切片、麵包、還有兩餐加上麥片的奶，他的媽媽居然還擔心他的攝取量！一個十三個月大的小孩每天最多可能需要 900 大卡，光是奶水就已經有 590 大卡，更何況還有其他食物呢？幸好，這個問題即將得到解決，因為這位媽媽終於注意到主要問題，她補充，「我再也不強迫他吃東西了，因為那只有讓情況更糟。」

一歲以後的小孩，每天的奶量最好不要超過 500 毫升。如果他們喝超過這個量，雖然不會發生什麼可怕的事，但請注意，他們能容納其他食物的空間就小了。這也是許多專家建議孩子在一歲生日以後戒掉奶瓶的理由，讓他們改用杯子，這個小技巧通常可以讓他們少喝點奶，因為用奶瓶喝奶很容易就喝太多。

健康專業人士對「牛奶像水一樣」這個有趣的信念並沒有免疫，尤其是當涉及到母乳時。看看發生在思薇雅身上的事：

我是一個還在哺乳兩歲男孩的媽媽，這樣的狀況讓我們彼此都非常滿足。儘管有來自醫生、家人和社會各方的意見，他仍然照樣喝母乳。頭兩個月時，他的體重增加得十分漂亮，但從那以後，我們就遇到了問題。現在哄他吃奶他總是喝不到幾分鐘，而我已經因為一邊餵他一邊繞著房子跳舞而出名了！

他在兩歲時只有 10 公斤重，但是他很健康、很強壯，非常活潑。問題是他從來不會感到飢餓（對飢餓這個詞一無所知……），其他人告訴我該讓他離乳了，這樣他才會多吃一些，因為我的母奶已經沒有營養了——跟「水」差不多。

上班時我會擠奶並且將奶水冷凍起來，保母會用這些奶水混著麥片和蛋白粉（Meritene，一種用於生病和營養不良的濃縮蛋白質補充劑）做成奶昔餵我兒子。

這是一個很常見的情況，寶寶在頭兩個月的時候長得很好，之後，生長速度變慢，同時哺乳次數少很多（請參考「三個月大時的危機」），媽媽開始覺得有點不對勁兒，直到擔心得一塌胡塗！

一個 10 公斤、親餵母乳的男寶寶每天大約需要 812 大卡和 8 克的蛋白質，這些是根據最新研究得到的估計值 [4,10]，很多書上所提供的資料已經過時，算出來的數字比這高出許多。

在本書的早期版本中，我們說需要 850 大卡而不是 812 大卡，但是布特（Butte）提出更新和更精確的研究，已經再次下修這些數值。

150 毫升的母乳加上一包蛋白粉（Meritene）和 15 克的麥片含

有 300 大卡（超過這孩子一天所需熱量的三分之一）和 9 克的蛋白質（超過這孩子整天所需）。如果他從哺乳中又喝下 400 毫升的母奶，也就是再加上 280 大卡和將近 4 克的蛋白質，再加上他在一整天其他時間裡吃下的任何東西，你還會訝異這孩子怎麼從來都不會感到飢餓嗎？

沒有吃下「必需」吃的嬰兒食品？

許多媽媽認為她們的小孩沒有在吃東西，因為孩子沒有吃下「必需」吃的嬰兒食品。她們沒有注意到的是，其實孩子正在吃相同或更好的東西。回頭看看亞伯特媽媽的敘述——他在一天裡吃了兩次的牛奶加麥片，還吃了麵包。然而他媽媽居然說他拒絕吃麥片。

這個故事是用來說明錯誤信念的絕佳案例，「如果他不吃嬰兒食品，他就是沒有吃東西。」曾經有位媽媽來找我，完全絕望地說，「醫生，我沒辦法讓他吃水果。我已經試過了所有的方法，水果泥、嬰兒水果麥片、嬰兒食品罐頭、水果優格、水果果凍⋯⋯都沒有用。」

由於這個孩子（明智地）拒絕了上面那些食物，所以我就沒有多花時間向媽媽解釋像是嬰兒水果麥片和水果優格所含的水果量很少，或者「水果口味」的優格和水果果凍的成分並不含水果（只有含糖和食用色素）。取而代之的，我建議，「有時候，嬰兒不喜歡東西都糊糊的，還混在一起。你有試過給他新鮮水果嗎？例如：香蕉或……嗎？」「是的，我有。」她打斷。「他喜歡那樣。他會用手拿起一根香蕉，並且吃掉其中的大部分，但是……」她堅持地說，「沒有任何方法可以讓他吃水果！」

對這個媽媽來說，吃下整根香蕉是浪費時間，因為那不是「嬰兒食品」。

做為獎勵的點心所造成的食物戰爭

最後，另一個讓許多媽媽不知道自己孩子正在吃多少的原因是——她們不清楚有些食物的熱量很高。有時候，媽媽為了要讓孩子吃東西，會不顧一切地給他一些「獎勵的點心」，尤其以裹上巧克力的為佳。（我不確定巧克力是怎麼回事，但無論你的感覺有多飽，

總是可以找到容納巧克力的空間，不管你是大人還是小孩）。為了讓孩子吃東西，在最初他還不餓的時候就主動提供「獎勵的點心」，他會很樂意地接受甜食，然後就變得更不餓了。戰爭即將一觸即發。

我們認為一個體重 10 公斤的兩歲男孩每天需要大約 812 大卡（這是平均值，有些人需要更多，有些人則更少）。因此，如果他每天喝 500 毫升的奶（350 大卡），吃五個奧利奧餅乾（260 大卡），一個草莓優格（110 大卡）和一杯 200 毫升的鳳梨汁（85 大卡），這樣就已經吃了 805 大卡，他將沒有空間來容納更多的食物。如果我們給他巧克力甜甜圈（230 大卡）會怎麼樣呢？他會根本沒辦法再多吃一口！所以你期望他將水果、蔬菜、肉、豆子等等的食物放在哪裡？顯然，這對兩歲的孩子來說不是一份適當的飲食，但是卻含有足夠的熱量，然而孩子將無法再吃下任何其他東西。

因此，如果你想讓孩子吃健康的食物，就必須停止提供「獎勵的點心」。對於十二個月大以上的孩子，將奶水和乳製品的攝取量限制在每天不超過 500 毫升或是更少，除了開水以外，不要給其他飲料（別再給牛奶、果汁和任何碳酸飲料），並且將點心保留到特殊場合，像是假期或生日。

你的孩子
知道自己需要什麼！

PART 2

所有的動物都知道自己需要吃什麼！

　　世界上所有的動物都知道自己需要什麼。當你走在鄉間的小路上，不會在路邊發現因為沒有人告訴牠應該吃什麼結果就餓死的動物。每一種生物會為自己的物種選擇適當的食物，要找到一隻在吃肉的兔子，跟找到一隻在吃草的狼一樣困難。

食物攝取量的系統決定人們吃多少

大部分的成人不須要被告知就可以吃下所需要的東西。有規律運動的人會吃得多一些，生活型態是坐著比站著多的人，就會吃得少一些，他們不需要專家來計算該攝取的熱量，並且給予書面指示。

當然，有些人有肥胖的傾向，但是，當我們停下來仔細地想想，多吃少吃可能會發生什麼事，但卻又什麼也沒發生時，就會知道控制我們食物攝取量的系統還真不錯。

舉例來說，假使你每天吃的量都比你應該吃的量還多一些，例如足以讓你的體重每天增加 20 克的量，一年後你將會增加 7.3 公斤，十年後將會是增加 73 公斤（比你現在的體重還重！）。相反的，如果你的體重每天減少 20 克，那麼八、九年後你將會完全消失，只剩下一灘空空的衣服，就好像電影演的那樣。不過，許多人設法在幾十年中都維持原有的體重，頂多增加或減少個幾公斤。

就你的飲食品質來說也是一樣的。大部分的人並不知道他們需

要哪種維生素，也不想花心思去了解每一種維生素的需求量是多少，或是哪種食物含有什麼必需的營養素（當然，你知道柳橙含有維生素 C，但是你知道上哪找維生素 B_1、B_{12} 或葉酸嗎？）儘管如此，除非有人是真的快要餓死了，否則任何人要罹患壞血病、腳氣病、貧血或是乾眼症是很罕見的＊。

孩子知道需要哪些食物及份量

所以，我們是怎麼辦到的呢？每一個人、每一種生物，都有與生俱來的機制驅使他去尋找所需要的食物，並且吃下正確的份量。是什麼原因讓我們認為我們的孩子缺乏這些相同的機制呢？其他物種的寶寶也都有這些機制呀！如果一個孩子被准許可以吃他想吃的，很合理地，他一定會去吃他所需要的。

＊註：壞血病與維生素 C 缺乏有關，腳氣病與維生素 B_1 缺乏有關，貧血可能與鐵質、葉酸或維生素 B_{12} 缺乏有關，乾眼症與缺乏維生素 A 有關。

但是如果這個邏輯的論述仍然無法說服你，也許你會有興趣想知道，這個論述不僅合乎邏輯，而且經過科學驗證。接下來，我們將會解釋兒童是如何在從出生後就會選擇他們的食物、母乳成分的變動，以及在幾個月大後他們有能力為自己選擇適當的飲食。

 ## 哺乳是由寶寶「自己點菜」！

哺乳的作息時間表是個迷思＊。曾經有段時間，我們認為嬰兒應該每三個小時或是每四個小時吃一次奶，並且每一邊乳房要精確地餵 10 分鐘。

你可曾想過為什麼是 10 分鐘？而不是 9 分鐘或是 11 分鐘嗎？很顯然地，這只是大約的數字，那我們怎麼會變成相信那些「大約的數字」是「精確的數字」呢？

＊註：指親餵母乳的時間間隔。

當然，成人從來不會「每四個小時從每一個盤子裡吃 10 分鐘」，我們花多少時間把盤子上的食物掃空呢？嗯，那取決於我們吃得有多快！孩子們也是一樣。如果他們吃奶吃得快，花的時間就會少於 10 分鐘；如果他們吃得慢，就會花多一點時間 11。

　　我們確實會在固定的時間用餐，但那只是因為工作上的責任迫使我們用這樣的方式來安排用餐時間。通常，當我們在休假日那一天的時候，我們會拋開這些平日的作息時間表，而也不至於傷害我們的健康。然而，還是有一些人相信嬰兒必須習慣某個作息時間表，含含糊糊地說著什麼紀律和好消化的理由。

　　對成人來說，食物可以等一下。我們的代謝能力允許我們可以等上一頓飯，而且食物的成分在此刻或一個小時以後是一樣的。但是你的孩子無法等待，他的飢餓感十分迫切，而且如果延遲用餐，他的食物成分會改變。

母乳的成分不斷地在變化

母乳不是死的食物，而是成分不斷變化的活組織。奶水中的脂肪含量在寶寶吸奶的過程中會增加，剛開始吸到的奶水，脂肪含量低，吃奶快結束時的奶水，脂肪含量比較高，可以高達五倍。

在任何一次哺乳時的脂肪平均含量和四個因素有關：與上一次哺乳的時間間隔越久，脂肪的含量會越低（間隔時間越長，脂肪含量越低）；前一次哺乳越接近結束時，脂肪的濃度會越增加；寶寶在前一次哺乳時攝入的奶水量；寶寶在這一次哺乳時攝入的奶水量。根據伍里奇（Woolridge[12]）對哺乳生理學卓越的研究指出，

以下是影響奶水中脂肪含量的 4 個因素：

1. 與前一次哺乳間隔的時間。
2. 前一次哺乳結束時的脂肪濃度。
3. 前一次哺乳時喝到的奶水量。
4. 這一次哺乳時喝到的奶水量。

當寶寶兩邊乳房都吃的時候，他很少會清空第二邊的乳房。我們可以簡單地說，他相當於喝了三分之二的脫脂奶和三分之一的奶油。然而，每一次吃奶只吃一邊乳房的寶寶可以說成喝的一半是脫脂奶，一半是奶油。如果他喝到的奶水所含的脂肪量較低（因此熱量較少），寶寶可能會接受喝更多的量，因而得到更多的蛋白質。

實際上，寶寶從每一邊乳房各喝 50 毫升與完全只從一邊的乳房喝 100 毫升，所攝入的奶水是不一樣的，每兩個小時喝 80 毫升跟每四個小時喝 160 毫升的奶水成分是完全不同的。

影響奶水成分的因素仍在研究中，我們未知的部分也許仍然遠大於我們已知的部分。例如：人們已經注意到有一邊的乳房通常比另一邊的乳房製造更多的奶水，奶水的蛋白質含量也較另一邊高。也許這只是巧合，又或許你的孩子可以選擇，藉由多吃某一邊或另一邊的乳房，看是要吃一頓蛋白質量較高還是較低的。

寶寶利用三種方式決定喝奶的順序

　　你以為寶寶吃的奶水都是一樣的嗎？你是否想過幾個月的時間裡喝的只有奶有多無聊嗎？幸好，母親的奶水不是這樣的。你的孩子自有處理的方法，他有一份「豐富的菜單」供他選擇，從爽口的清湯到濃郁的甜點，由於寶寶不會說話（因此乳房當然也無法理解他），寶寶利用三種方式決定他的順序：

1. 根據每一次喝進的奶水量（也就是，利用吸奶的時間長一點或短一點，或吸吮的力道強一點或弱一點）。
2. 上一餐與下一餐間隔的時間。
3. 從一邊或兩邊的乳房吃奶。

　　孩子在乳房上所做的決定，得以讓他準確地獲得每一天他所需要的東西，這全然是門工程學。當他能夠隨著自己的意志調整變量時，他就能完全與完美地控制自己的飲食。

　　這就是順著需求哺乳的意義：讓寶寶自己決定他什麼時候想吃

奶，想在乳房上待多久，以及他想吃一邊還是兩邊。

順著需求哺乳，讓寶寶得到均衡的飲食

　　當孩子不被允許使用其中一項方法時，大多數的情況是孩子會
巧妙地操縱另外兩種方式來獲得適當的飲食。在一項實驗中 13，讓
一些寶寶每次吃奶只吃一邊的乳房，如此持續一週，接著下一週則
吃兩邊的乳房（週的順序是隨機的）。理論上，比起每次吃兩邊，
寶寶應該會在侷限吃一邊時那幾天吃到更多的脂肪，然而事實上，
寶寶自動調整吃奶的頻率與時間長短，結果吃到的脂肪量是相當的
（但是奶水的量不同）。

　　但是，如果寶寶不被允許自我調控吃奶的頻率或吃奶時間的長
短，也不被允許可以自己決定想要吃一邊還是兩邊的乳房，他會錯
亂。他將無法吃到他所需要的奶水，而是困在被給予的東西之中。
如果他的飲食與他實際的需求相距太遠，他會有體重無法適當增加
的問題，或是他會整天處在飢餓和煩躁不安中。這正是為什麼照表
操課的哺乳方式很少行得通，而且時間表越嚴格，後果越不堪設想，

寶寶需要不按規矩地哺乳，唯有這樣他們才能得到均衡的飲食。

從寶寶出生的第一天開始，雖然看起來他好像只有喝奶，但事實上你的寶寶正在從一大堆的選擇中挑選他要的食物，而且不管是質還是量，他總能做出聰明的選擇！

吃固體食物（副食品）也是讓寶寶「自己點菜」！

在 1920 年代，阿黛爾‧戴維斯博士（Dr. Adelle Dais）經由一連串的實驗證明，孩童有能力為他們自己選擇均衡的飲食[14]。她挑選了一群六個月到十八個月大的孩童，在每一餐提供十種或十二種不同的食物，這些食物並沒有混合在一起：紅蘿蔔、米飯、雞肉和蛋等等的食物。

孩子們可以想吃多少就吃多少，想吃什麼就吃什麼，不會有大人干擾。大一點的孩子自己動手吃，小一點的孩子由大人使用湯匙

餵食，負責餵食的大人會不帶堅持地提供每一種不同的食物，一次從餵一種食物開始，直到孩子閉上嘴，然後繼續下一種食物，直到提供過所有的食物為止。

接下來的幾個月，這些孩子的生長都正常，他們攝取的營養平均來說是適當的，儘管他們每一餐之間的差異簡直是「營養學家的夢靨！」孩子們有時候吃得「像隻小鳥一樣」，有時候又「像匹馬一樣」；有一陣子他們會一次只吃一種到兩種食物，連續吃好多天，然後僅僅幾天之後，他們又將這些食物忘得一乾二淨！不過，不管這樣吃或那樣吃，他們最後都設法吃到了均衡的飲食。

其他更近代的研究證實，當准許小小孩吃他們想要吃的食物，不管是在實驗室裡 [15] 還是在家裡 [16]，他們每天攝取的熱量會很穩定，雖然每一餐之間的差異很大。

難道小孩不會用巧克力把自己塞飽嗎？

　　當然，如果他們被允許的話！或至少這是我們認為可能會發生的事，儘管沒有科學研究證實這件事；也有可能孩子第一天的時候會用巧克力塞飽自己，而當他厭倦了巧克力的時候，仍然會吃均衡的飲食。

　　兒童（和大人）偏愛甜的和鹹的食物，而且我們往往過度食用這兩類食物。如果小孩們擁有與生俱來的機制，告訴他們去吃他們需要的食物，那為什麼小傢伙們都愛吃「垃圾食物」呢？

　　為了要瞭解為什麼控制系統有時候會失靈，我們必須要牢記進化論。當一隻動物是健康的時候，牠會活得比較久並且擁有比較多的後代，因此自然界選擇偏愛那些表現出健康飲食行為的動物。

　　但是自然界的篩選得花上好幾年才能發揮作用，而且當生存條件改變，原本某個時間點很有價值的飲食行為可能就不再那麼好了。

偏好甜和鹹的食物對住在西班牙爾塔米拉洞穴（Altamira cave）的兒童有什麼好處呢？他們不僅沒有巧克力，也缺乏糖和鹽。他們所嚐過最甜的食物是母親的奶水，那是他們主要的食物來源，另外，就是富含維生素的水果。最鹹的食物大概是肉類，那是鐵質和蛋白質的重要來源。因著這樣的偏好幫助他們選擇了各式各樣且均衡的飲食；但是現在我們有比水果還要甜的糖果，比肉還要鹹的點心，我們的篩選機制已經有點失控了。

提供健康的食物是父母的責任

即使如此，令人驚訝的是，選擇健康飲食的本能是如此的強烈。看看廣告就知道了，越不健康的食物，越需要做廣告。某些品牌的鹹味小點、糖果和汽水，即便已經銷售了數百萬，還是每天持續在做廣告，他們知道自己一刻也無法休息，因為一旦不做廣告，銷售量便會巨幅滑落。另一方面，扁豆、蘋果、米飯和麵包一點也不需要如此的大做廣告，但人們仍然會吃。

不過，為了以防萬一，專家 14 建議，可以讓兒童選擇健康的飲食，條件是成人提供他們健康的選擇。如果你給孩子水果、義大利麵、雞肉和豌豆，然後讓他自由選擇要吃什麼和吃多少，隨著時間過去，他肯定會選擇適當的飲食。即使他可能某一天只吃豌豆，然後接下來的兩天只吃雞肉；但是如果你讓他在水果、義大利麵、豌豆和巧克力之間做選擇，那就沒有人能保證他會有均衡的飲食了。

簡言之，提供各式各樣健康的食物是父母唯一的責任，由孩子自己決定從這些食物中選擇要吃什麼和吃多少。

PART 3

用餐時不要做的事

　　當談到讓孩子吃東西這件事，媽媽的創意是無限的（爸爸通常在這部分的參與比較少，雖然比較多的可能是因為漠不關心，而不是有意識的計畫）。最初都是從讓孩子相信湯匙是一架飛機開始的，接著是轉移注意力（許多媽媽會毫不客氣地用「變把戲」這個詞）：唱歌、跳舞、玩具或無可避免地打開電視。

　　再緊接的是懇求（不要這樣對待媽咪）、承諾（等你吃完就可以玩了），然後是威脅（如果你不把晚餐吃完就不可以玩）、哀求（吃一口給媽咪看，吃一口給爸比看，吃一口給奶奶看）和比較（你不想和大力水手卜派一樣強壯嗎？）據說，有一對夫妻觀察到他們的小孩會吃掉任何她在地板上撿到的東西，他們因此得到一個絕妙的

靈感，那就是他們把地板刷洗得亮晶晶，然後將馬鈴薯蛋餅一小塊、一小塊地撒在地上讓小孩撿起來吃。

有些方法令人覺得好笑，但有些讓人想哭，尤其是孩子，讓我們來看看一些例子。

耐心？

我兒子現在五個月大，他不肯接受用湯匙餵食。我從他四個月大時開始嘗試，但無論我怎麼努力（用極大的耐心），他就是哭，把食物吐出來，然後煩躁不已。所以我必須將嬰兒食品放進奶瓶裡。現在他可以吃個四到六口而不會煩躁，但是，也就只有那樣而已！我已經開始在餵完他的每一口之後，將奶嘴塞進他嘴裡，因為那是唯一能讓他吃完全部東西的辦法。

耐心？這又是另一個錯誤的觀念。耐心應該是接受這個寶寶還沒準備好要吃固體食物（副食品）。案例中的媽媽一點耐心也沒有，而且毫無憐憫之心（如果寶寶會說話，他可能會用更強烈的字眼，比如「一意孤行」也許是最適當的形容詞）。

在每一口食物之後將奶嘴塞進嘴裡是卑劣的手段，孩子的吸吮反射讓他只能將食物吞下去而無法呸出來。這樣的做法似乎可以成功個幾天，但是絕對無法持久。

如果孩子長期下來都是這樣吃東西，他會生病的。而自然界很少會讓這種情況發生。不管有沒有奶嘴，他終究會找出方法將食物呸出來，或是他將學會用吐的把食物吐出來。

 ## 夜裡的把戲

我的女兒現在十三個月大，她在用餐時間會有種奇怪的行為，她不吃東西。我給她各式各樣不同的食物，她甚至連試都不試，看

起來就像是她會害怕食物一樣。但最奇怪的是，如果我給她奶瓶，她仍然拒絕；但若趁她睡覺時給她奶瓶，她會全部喝光光（含裡面的麥片），24 小時內她喝了 600 到 700 毫升。她看起來永遠都不會餓的樣子，有那種從來沒有被強迫餵食，但卻會憎惡食物的孩子嗎？

　　從來沒有被強迫餵食？那麼睡覺時硬灌超過 500 毫升加了麥片的牛奶代表什麼呢？當然，大人並沒有把小孩綁起來做這件事。不過當我們在討論要求或是強迫一個小孩吃東西時，我們談的是所有的方法，包括「嚴厲的」和「溫和的」，這兩種都算。順帶一提，這個孩子在夜裡喝了半公升的牛奶加麥片，你怎能期望她在白天還會感到飢餓？她的胃已經沒有空間再裝進任何東西了。

那些令人厭惡的比較

　　根據眾所周知的聖經軼聞，該隱是個「不好好吃東西的壞小

孩」，當用湯匙假裝成「飛機」時（或者那時是翼手龍？），夏娃會鼓勵他說，「該隱，乖，當個好孩子。你看弟弟亞伯，他已經把他的蔬菜都吃光光了呢！」你應該聽過那個故事的結局＊，對吧？

我們很少意識到，比較這件事是如何讓我們的孩子感到無比的難受，被用來做比較的小孩也同樣深感困擾。「你看看，莫妮卡將盤子裡的東西都吃光光了呢！」我們的女兒會開始暴怒，而可憐的莫妮卡想著，「拜託！請讓我遠離這場風暴！」

你希望這件事發生在你自己身上嗎？假裝你正跟你最要好的朋友一起喝咖啡，你的老公走進來說：「我真希望好歹能有一次看到你好好地整理一下你的外表，你看看，安卡娜是怎樣裝扮她的臉和頭髮的？她看起來好瘦，而你卻總是邋邋遢遢。」然後他說完就離開了，還開心得合不攏嘴，留下你和安卡娜，好了，現在你們兩位誰要先開口說話？

做為一個爸爸，我曾經為我孩子帶到學校的午餐感到困窘。

＊註：在聖經故事裡，哥哥該隱最後將弟弟亞伯打死。

偶爾有些媽媽決定以我的女兒為例，「看看她午餐吃的那個大三明治！」我應該怎麼做才好呢？是假裝沒聽到，然後越快離開那兒越好？還是留下來解釋，如果她想吃那個三明治就吃，有時候她只吃一半，有時候她會甚至碰也不碰；又或者我該解釋凡是她吃不完的都會變成了我的點心。

賄賂

許多絕望的父母會採取「賄賂」的手段來讓小孩吃東西。伊靈沃格（Dr. Illingworgh）醫師，前面我們引述過他的書，裡面提過有一個小孩，用這個方式收集到一整組的火柴盒小汽車[1]！

有趣的是，真的有人費心去研究賄賂的效果。在一個研究中[14]，提供一項新的食物給兩組兒童，其中一組兒童得到承諾，只要他們嘗試這項新食物就可以得到獎勵；另外一組就僅是讓他們面對這項新食物，他們想怎樣做就怎樣做。

幾天以後，獎勵組的小孩吃這項新食物的量比另一組少，你可能必須是個傻瓜才會想不通下面這個道理，「如果大人給我獎勵的目的是要我試試，那麼這東西鐵定不怎麼好吃！」

利用食物作為獎勵或是懲罰都不是好主意！「如果你乖，我就買冰淇淋給你。」或是「你打了表弟，所以你不會有甜點了。」我認為這是在養育小孩中最錯誤的飲食行為。

首先，即使是用玩具做為獎勵，或是用不可以去馬戲團看表演做為處罰，我都不認為這是教育小孩最好的方法。小孩會做正確的事，是因為做正確的事所伴隨而來的滿足感，他並不需要除了父母的認可之外更多的獎勵（很快地，甚至連那都不需要，因為他將會得到自我的認可，這是最重要的）。當他明白不好的行為會傷害其他人時，他會避免那些行為。好人，那些有更高道德良知的人（小小孩也有道德良知，不要懷疑），並不需要獎勵或是處罰。

一個僅僅因為希望得到獎勵或是害怕受到處罰才行動的成年人，將會是一個偽君子和投機者，當別人在看的時候就做正確的事，做壞事的時候就偷偷躲起來做。

　　帶小孩去動物園時，不要說下面這些話來破壞氣氛，例如，「我們會來玩是因為這週你收拾了所有的玩具。」這句話是謊言，你心知肚明。你很清楚，無論如何你們都會去動物園，你會帶他去是因為你關心他，他是你的小孩，你毫無保留地愛他，你想要讓他開心，並且一起享受你們的週末，為什麼要將你對孩子的愛藏起來，然後假裝這個出遊只是個獎勵？

　　回到食物這件事上，除了令人左右為難、無所適從的育兒困境之外，利用食物作為獎勵或處罰的手段還會增加營養方面的問題。因為獎品絕對不會是瑞士甜菜，而處罰也絕對不會是巧克力。事實恰好相反，而且再次理想化了那些不該讓你孩子過度食用的食物。

　　如果停下來想一想，最可笑的情況是，「如果你不把豆子吃完，就不能吃蛋糕。」每當我聽到這些話，都很難控制自己不笑出來，如果那個孩子已經完全不餓了，你如何期望她吃完豆子之後還會吃蛋糕？符合邏輯的說法應該是，「既然你已經吃了很多豆子，那最好不要再吃甜點了。」或是「你最好別再吃豆子了，別忘了我們還有蛋糕。」

研究已經證實，當孩子們圍繞在某個食物旁，但是不被准許吃它，他們會更想要吃 17。換句話說，如果你的家裡有糖果，然後你整天說，「不可以再吃糖果了」，只會讓你的孩子越來越想要更多的糖果。如果你想要小孩遠離糖果，最好的做法就是讓家裡不要有糖果，那樣你根本連提都不用提起這件事。

 **開胃劑**

　　我們的寶寶快要十一個月大了，我們非常擔心他。他從出生開始就一直吃得不好（他只哺乳了六週）。快要三個月大時，因為他不願意用奶瓶喝奶，我們只好用湯匙餵他配方奶，那是我們唯一能讓他吃東西的辦法。

　　當他五個月大時，我帶他到新的醫師那兒，他開了些開胃劑。神奇的效果持續了六週，但是我們一停藥，就又回到相同的問題。然後在他九個月大時，我們又再次嘗試了開胃劑，雖然這次的效果不像第一次那麼好，不過還是有一點改善。

　　但是現在我們已經停止給他吃藥了，他的情況比以前更糟；他

開始做他以前從來不會做的事，他用吐的！他在湯匙前也會作嘔（甚至是第一口），他已經每天都吐，如果不是在早餐時吐，就是在午餐時，如果不是那時候，那就是傍晚的點心時間。如果我們很慶幸他幾乎整天都沒出岔子時，可以確定的是，他在晚餐時就會吐了。

　　用餐時間已經變成純粹的煉獄，他的媽媽，花費大部分的時間陪伴他，現在得去看心理治療師。她非常憂慮他的飲食問題，她認為除非這個問題獲得解決，不然這孩子沒辦法像其他孩子一樣長大。

沒有效及有效的開胃劑

　　市面上有兩種開胃劑：有效的和沒有效的。

‧沒有效的開胃劑

　　含有令人難以置信的成分組合，有維生素和奇怪的成分，它們

通常有著令人印象深刻的名稱，提及了代謝、生長、能量和類似的字句，彷彿是過去西方電影中有名的「某某醫師專治百病的萬用蛇油大補帖」現代版（有一些這類的現代處方仍然含有酒精，就跟他們幾年前的產品一樣）。

通常低劑量和短期使用並不會造成傷害，但是並不代表百分之百安全。裡面的任何一種成分、添加物，或色素都有可能引起過敏，並且已經知道有些植物具有「興奮劑」的作用（像是人蔘）可能造成中毒，還有某些維生素和礦物質如果大量攝取也會中毒。

大部分的醫師都同意這類「補藥」完全沒有效用，不過有些會推薦做為安慰劑使用，安慰劑（源自拉丁文「取悅我」的意思）是給病人一個假的藥，目的是讓他保持快樂。有時候，開給孩子一個處方，好讓「孩子的爸媽高興」比解釋真相來得快速和容易些。

另一個事實是，有些病人會要求吃藥，醫師有時也會妥協並且推薦無害的安慰劑，因為擔心病人可能自己買自以為有效的藥反而有更高的風險（遺憾的是，在西班牙，很容易就能不經處方取得藥品）。對了，如果你在這種情況或其他種情況下不想被開立安慰劑

的話，最好上前跟醫生說一聲，並且三不五時地提醒他，「除非有必要，不然我不喜歡給小孩吃藥，如果您覺得他自己會改善，就不用開任何藥給他。」許多醫師將會回應你一個大大感激的微笑。

· 有效的開胃劑

屬於另一個類別，幾乎都含有賽庚啶（Cyproheptadine 並結合各式各樣的維生素做為不同廠牌的區分）＊。重要的是，請注意，飢餓不是在胃裡，就好像愛也不是在心臟中。食慾存在腦部（或是說由大腦控制）。賽庚啶（或是其相似藥，如：Dihexazin）作用在腦部的食慾中樞，就像安眠藥作用在腦部的睡眠中樞。

賽庚啶是一種具有精神活性（psychoactive）的藥物，其副作用有：嗜睡（很常見的副作用，可能影響在學校的表現）、口乾、頭痛、噁心。比較少見的有高血壓、躁動、困惑或幻覺，生長激素的分泌減少（孩子會矮矮胖胖的，正好成功地完成了治療！）。中毒劑量（如果讓孩子找到藥瓶並且決定全部喝下去）會引起深度睡眠、虛弱或

＊註：賽庚啶 Cyproheptadine 是一種抗組織胺藥物。

喪失肌肉的協調能力、痙攣和發燒。

當然，這些嚴重的副作用很少見，如果你曾經給孩子服用這些藥物，我不是提這些副作用來嚇唬你，（如果我告訴你一些常見藥物，例如：安莫西林 Amoxicillin 或乙醯氨基酚 Acetaminophen 所有可能的副作用，你也會感到害怕）。任何時候當你在使用藥物時就是在承受風險，你需要銘記在心的是，當你生病並且需要用藥時，用藥的風險要遠小於用藥所得到的好處。

使用開胃劑的問題是，用這些藥的小孩既沒有生病也不需要治療，用藥的好處可說是零，而任何可能的風險，即使看起來再小或再少，都是讓人無法接受的。＊

毫無疑問的，賽庚啶最大的危險是它確實有效，小孩吃的量會變多，多到超過孩子的需要，多到影響健康。幸運的是，這些效果在停藥後就會消失，大部分的孩子會開始流失他們在吃藥期間所增加的體重。

＊註：Amoxicillin 安莫西林是一種常用的抗生素，Acetaminophen 乙醯氨基酚是常用的止痛藥，一般所稱的普拿疼。

這個「反彈的效果（Rebound Effect）」通常能讓父母瞭解到用這個藥是徒勞無功的，大部分的父母會停止使用；但是有些會很想用並且持續使用好幾個月甚至好幾年。長達數月或數年的過度進食，伴隨著因為昏沉所導致的活動力降低會帶來什麼後果？當然沒有什麼好處。

天然草藥的安全性

草藥和其他「天然」的產品也已被拿來讓小孩食用。所有的產品，不管有多麼「天然」，也都可以歸到前面的兩個類別之一：有效的和沒有效的（問題在於我們有時缺乏必要的資訊來區分這兩個類別）。

如果它們沒有效，那麼為什麼要浪費你的時間和金錢？如果它們確實有效，它們的危險性就跟賽庚啶相似。首先，因為如果它們確實讓食慾增加，可能會影響腦部，其次，因為你不可能叫孩子長期吃超過他所需要的量而不損害他的健康。

幸運的是，似乎幾年前用來開胃的那些含有酒精成分的產品已經褪流行，不用說也知道：絕對不可以給小孩喝酒！

再三強調：開胃劑在不起作用時毫無價值，而在起作用時很危險，它們的效果短暫而且具有反彈的作用，應該永遠不被使用。

第一手資料：寶寶自己的陳述

如果我們的小孩會說話，他們會怎麼說？也許是下面這些吧！

從九個月大開始，我開始注意到我的爸媽對於食物變得十分咄咄逼人。到目前為止，他們餵我的情況還不錯，但隨後他們開始在我已經吃完時希望我再多吃一口，有一天他們試著要我吃一種令人反感的膠狀物，他們稱之為肝臟，他們說那個東西吃了對我很好。

一開始，這些都只是獨立的事件，我也沒有太在意。有時候，僅僅是為了讓他們開心，我會多吃上一口，即使接下來整個下午我會發現自己都很飽，而且下一餐我不得不吃少一點。我現在對自己

做過的事情感到後悔，我想我應該從一開始就要堅持自己的立場。我不知道人們說得對不對——如果你跟你的父母投降，就算只有一次，你也會寵壞他們，並且讓他們之後變得更苛求？

我總是想，我會用耐心和溝通來養育我的爸媽，完全不同於過去的專制主義，但是現在，從已經發生的蛛絲馬跡來看，我已經不知道該怎麼想才好了。

真正的問題開始於六個星期前，那時我十個月大。一整個突然地，我開始覺得不舒服，我的頭、我的背還有我的喉嚨都很痛。我的頭是最糟的，任何噪音都會在我的身體裡，從我的頭頂到腳趾尖，轟隆轟隆地作響迴盪繚繞著。當奶奶「咕嘰、咕嘰」叫我的時候（她總是那樣叫我，我也很喜歡，比她叫我強納森還喜歡），我感覺我的頭快要爆開了。

雪上加霜的是，我像平常那樣地用哭泣來宣洩不舒服，不但不管用，我的哭聲還一直在我的頭裡迴盪著，讓我覺得更加難受。那個有時候會從我的尿布裡流出來的糊狀物也變了（我不知道那是什麼東西，反正我媽絕對不會讓我玩它），聞起來很臭，而且讓我的小屁屁像被火燒一樣地灼熱。

我在遊樂場的朋友，十三個月大的艾伯特告訴我，我得了病毒感染，很快就會好起來；可是我的爸媽應該不像艾伯特了解的那麼多，因為他們看起來很擔心，而且表現得好像完全不知道該怎麼做。

一整個星期我甚至無法吞東西，幸好我還有媽媽的乳房，奶水總是容易吞下肚，不像固體食物（副食品），那又是另外一回事兒了。我覺得有塊東西梗在喉嚨以至於最後只好吐出來。詭異的是，我甚至一點也不覺得餓。我有告訴我爸媽正在發生的事情，但他們就是搞不懂。有時候我覺得和他們在一起真的好沮喪，我想應該是讓他們學學我的語言的時候了。他們把每件事都搞反了。我會靜靜地哭泣許久說，「抱我」，而他們只會把我放回嬰兒床裡；我會嘟著嘴說「今天我不想吃東西」，他們卻只會給我更多的食物。

　　我會別過臉來抗議，「再多吃一口，我就要吐了！」，然後他們就暴怒了，並且開始對我大喊「你不乖」之類的。

　　幸好頭痛只持續了幾天。但是從那之後，我的父母就不一樣了。他們一直堅持要我吃我不想吃的食物。而且不再像以前那樣只要我吃一口：現在他們希望我吃的量要比以前多上兩倍或三倍。

　　他們的行為變得很奇怪。上一分鐘，他們還很興奮，像個傻子般的拿著湯匙，大喊：「看！飛機來囉，咻～」；接著他們就生氣了，開始嘗試要我張開嘴巴，或是他們會變得很情緒化和淚眼汪汪的。我懷疑他們是否感染了什麼病毒，也許他們的頭和他們的背也在痛。不管是什麼，現在進餐時間是一個巨大的考驗，一想到他們，我就想吐了，還有我那小小的胃口也一點一點地消失了。

餵食指引

根據科學給出詳細的嬰幼兒餵養建議是不可能的。雖然專家委員會已經針對這個議題有所涉獵，但是他們的建議一直十分謹慎，結論也非常不具體。

歐洲小兒胃腸及營養學會 （ESPGAN）的建議

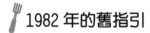
1982 年的舊指引

在歐洲，人們通常遵循歐洲小兒腸胃及營養學會（European

Society of Paediatric Gastroenterology and Nutrition, ESPGAN）於
1982 年出版的指引 [18]。在回顧了數百篇科學研究報告後，來自九個
國家的專家提出以下七項建議：

1. 在提供建議時，應注意家庭的社會文化背景、家長的態度，
   以及母子關係的品質。

2. 一般而言，Beikost （指除了母奶或配方奶以外，嬰兒所吃的
   任何東西，）的給予不應早於三個月大以前或晚於六個月大
   以後；並且從少量開始，其多樣化和份量也應緩慢增加。

3. 嬰兒在六個月大之前，由 Beikost 所提供的熱量不應超過熱
   量需求的 50%。一歲以前的其餘時間裡＊，每天給予的母奶、
   配方奶，或等量的乳製品不應少於 500 毫升。

4. 對於要最先給予什麼種類的 Beikost （穀物麥片、水果、蔬
   菜）並不需要特別指定，而應考慮國民的習慣及經濟因素。

＊註：這裡應指六個月大到一歲之間。

在開始給予嬰兒非乳製品的動物性蛋白質時，也不需根據年齡做出詳細的建議，但在給予某些已知的高過敏性食物，如：蛋類和魚類時，也許最好延後至五到六個月大時再給。

5. 不要給予四個月大以前的嬰兒含有麩質的食物；甚至進一步延後到嬰兒六個月大以後再給或許是可行的建議。

6. 應避免給予頭幾個月大的嬰兒硝酸鹽含量可能很高的食物，例如：菠菜和甜菜根。

7. 有過敏疾病家族史的嬰兒，在吃 Beikost 時，需給予特別的考量。在他們一歲以前，應嚴格避開潛在的高致敏性食物。

儘管 ESPGAN 的建議是以英文寫成，他們使用德文 Beikost 來代表嬰兒除了母奶或配方奶以外所吃的任何東西。因此裡頭包括了果汁、茶、篩濾過的食物（strained foods）、磨牙餅乾、加了穀物麥片變得濃稠的奶，或咬了一口的香腸。

這個詞與副食品（Complementary Foods）一詞相當，副食品在英文裡傳統上稱作固體食物（Solids）。遺憾的是，當看到「固體食物」一詞，總是會有些無知的人從字面上理解：「你看，上面說六個月大以前不要給固體食物，但是沒有提到任何有關液體的部分；所以果汁和奶瓶中的麥片必須更早開始給予。」我們必須牢記在心的是，「固體食物」這個詞也包括液體和篩濾過的食物，就像「最初的食物」可以是篩濾過的食物，也可以不是＊。嬰兒在滿六個月大之前，不應添加任何東西到他的飲食中，不需要在奶瓶中加入麥片、不需要果汁、不需要茶等等，統統不需要！

2008 年的指引

在 2008 年，ESPGHAN（加上 H 代表肝臟學）發佈了新的文件19，建議如下：

· 純母乳或全母乳哺餵到大約六個月大是一個理想的目標。任何嬰

＊註：first foods 最初的食物，指的是最早提供給嬰兒的食物。

兒在十七週大之前都不應添加副食品，並且所有的嬰兒都應該在二十六週大之前開始餵食副食品。

· 「副食品餵食」（Complementary Feeding）一詞涵蓋除了母奶或嬰兒配方奶及較大嬰兒配方以外的所有固體食物及液體。建議將母乳代用品＊當作副食品是無益的，甚至讓人困惑。

· 儘管理論上對於哺餵母乳或配方奶的嬰兒，分別提供不同的副食品可能有特別的好處，但試圖為哺餵母乳或配方奶的嬰兒制訂和執行不同的建議，在實踐上可能會有相當大的困難度，因此不建議這麼做。

· 目前還沒有令人信服的證據顯示避免或延遲給予具有潛在過敏風險的食物，例如：魚類或蛋類，可以降低過敏。無論是對具有過敏風險或是不被認為有過敏風險的嬰兒都是如此。

· 在餵食副食品的期間，哺餵母乳的嬰兒，90％以上的鐵質需求必

＊註：Human Milk Substitutes，HMS，母乳代用品，通常指嬰兒配方奶。

須由副食品來滿足，並且必需要能提供足夠的具有生物利用率的鐵質。

- 牛奶不是好的鐵質來源，不可作為十二個月大之前嬰兒的主要飲品。不過添加少量的牛奶到副食品中是可以的。

- 給予麩質要謹慎，避免過早（小於四個月大）或過晚（大於七個月大），對於仍在哺乳的嬰兒應逐漸引入麩質，這樣做可以減少乳糜瀉、第一型糖尿病和麩質過敏的風險。

- 吃蔬食的嬰幼兒應攝取足夠份量（約 500 毫升）的奶水（母奶或配方奶）及乳製品。

- 嬰幼兒不應接受全素飲食（vegan diet）。

　　不可否認，作為最後的總結，這個建議還是不夠具體。文件中還有一些其他的建議尚未列入在最終的清單中：

- 一次引入一種食物。

· 在十個月大前引入塊狀的固體食物。

· 不要添加鹽及糖,避免經常攝取果汁(因為他們含有過多的糖)。

 ## 美國小兒科醫學會(AAP)的建議

在 1981 年,美國小兒科醫學會(the American Academy of Pediatrics,AAP)發表了一些關於嬰兒餵食的建議[20]。與歐洲的建議非常相似,AAP 並未就不同食物的順序或份量給出詳細的建議。引入新的食物並不是按著日曆進行,反而更多是根據嬰兒的發展。

以下情況表示嬰兒準備好要開始吃其他食物了,當:

· 他能在沒有協助的情況下坐穩(餵食一個一直倒向一邊的孩子將會很困難)。

· 他的吐舌反射已經消失,這就是讓嬰兒用他們的舌頭吐(頂)出

湯匙的反射。這個反射最初的目的可能是為了防止嬰兒吃進蒼蠅、石頭和其他令人討厭的東西；至少持續到他們夠大到能分辨什麼是食物、什麼不是。沒有什麼事是比看到一個母親試圖餵食一個尚未失去吐舌反射的嬰兒更令人傷心的了。你會看到食物出現在圍兜上、尿布上、孩子的頭髮上、媽媽的頭髮上、椅子上、地板上，到處都是，就是除了在小寶貝的嘴巴裡。

· 他對成人的食物表現出興趣。在這些日子中的某一天，當看著你吃東西時，他會嘗試為了自己去抓取一些食物。

· 他能夠藉由手勢和姿態表現出飢餓感及飽足感。當看到湯匙來了，飢餓的孩子會張開嘴巴並且向前傾，吃飽的孩子則是閉上嘴巴並轉過頭去，這樣媽媽就知道孩子已經吃完了。假如嬰兒還太小而無法清楚地表現出飽足感，就有可能在無意間冒著被過度餵食的風險。有鑑於此，應該永遠、永遠都不要強迫孩子吃東西，也不應該餵食一個已經飽了，但卻無法拒絕進食的嬰兒。

　　AAP 也堅持一次介入一種新的食物，從少量開始，引入新的食物之間至少間隔一週。如此，你便可以看到嬰兒對於新食物的耐受

性好不好。這個 1981 年的規範現在看起來已經過時，AAP 已經不再將這些規範放入目前的建議中，但他們還沒有其他同等級的規範來取代。也許這是因為 AAP 認為這個主題不太重要：餵養兒童並不需要任何官方的建議。

不過，AAP 關於母乳哺育的建議是最新的 [21]，據我們所知，已經從 1997 年的版本正式更新 [22]。

至於副食品的添加，其建議如下：

· 依照嬰兒的需求哺乳，純母乳哺育六個月。

· 在嬰兒出生後第一年的後半年，逐漸引入固體食物（特別是富含鐵質的食物），在副食品添加下持續哺乳至少到十二個月大，之後按雙方共同期望的時間想哺餵多久就哺餵多久。

世界衛生組織（WHO）與 聯合國兒童基金會（UNICEF）的建議

除此之外，世界衛生組織（the World Health Organization，WHO）及聯合國兒童基金會（the United Nations Children's Fund，UNICEF）建議 [23]：

· 純母乳哺育六個月。

· 從大約六個月大時開始嘗試其他的食物。

· 持續哺乳以及給予適當的副食品，直到兩歲或更長的時間。

· 提供多樣化的食物。

· 十二個月大以前，先給乳房再給其他食物，以確保攝取足夠的奶水。

· 小於三歲的孩童，每天必須進食五至六次（最少）。

· 提供的食物最好富含熱量（卡路里）、鐵質及維生素 A。如果有
需要，可以在蔬菜中添加油脂或奶油以增加熱量的含量（當然，
如果有橄欖油的話更好，橄欖油優於奶油或其他的油脂）。

 ## 如同科幻小說般的嬰兒餵食建議

　　如同我們所看到的，來自世界各地的專家們所提供的建議一點
也不詳細。關於不同食物的引入順序並不清楚，或是要在什麼年齡
的時候引入，更不用說應該給嬰兒多少份量、一天幾次、或一週幾
天。

　　但是，要找到令人不可置信的詳細餵食指南卻很容易。例如：

·「在下午一點時，提供煮熟過篩後的馬鈴薯（potarrots） 50 公克、

卡南瓜（casquash）30 公克及綠月桂（green bays）30 公克。
在週一、週三、週五，加入半個鸚鵡的胸肉（parrot breast）；
在週二、週四、週六加入小牛肝片（calf sliver）50 公克……」

‧「在下午五點時，提供半個奇靈果（kweary fruit）、半個派娜娜
（panana）、四分之一個拔果（bapple）和四分之一杯梅橙汁
（prungerine juice）打成的混合果汁……」

　　以上我們使用了虛構的食物名稱，以避免有媽媽在瀏覽本書後，
開始記錄要用那些食物餵她的寶寶！

　　你可能已經聽過或閱讀過類似的說明。你甚至可能已曾在某些
時候試著追隨他們的做法。你有沒有想過一些事，為什麼他們建議
在下午吃水果而不是在早上？為什麼是 50 公克的馬鈴薯而不是 40
公克？六個月大吃麥片、七個月大吃水果？或是先吃水果再吃麥片？
半根大香蕉或半根小香蕉？為什麼是給半顆梨子和半顆蘋果，而不
是一天給一整顆蘋果，然後隔天給一整顆梨子？

互相矛盾的建議

　　如果有媽媽曾試圖提出上述的問題，她可能會得到堅定的回答，「因為事情就是這樣做」，或是一個令人放心的回應，「這真的沒關係」，又或許是一個沉默的凝視。有些媽媽則是聽到了一些真正新穎的答案。

　　我有一位來自法國的朋友（現在住在西班牙）詢問她的醫師，為什麼她必須將五種水果混和在一起給寶寶吃，因為在她的國家（至少在她的城鎮），她們通常每天給寶寶一種不同的水果。她得到的答案是，「這是一種完美平衡的混合物」！

　　其他時候，我們也聽說過麥片必須與牛奶混和，因為如果是與水混和的話，其熱量密度（每毫升的卡路里量）將會太低，這是一個合理的解釋。但是卻留下了一些沒有解決的問題：「為什麼我們不將牛奶加進熱量密度比麥片低得多的水果或蔬菜裡呢？」

　　奇怪的是，這些詳細的建議彼此從來互不相符，在整個歷史紀

錄中也找不到相符的（請參閱附件第 300 頁「歷史回顧」），並且在現今也不相符。在不同的書籍、不同的國家、不同的城市，以及不同的社區中，餵食建議的圖表是完全不同的。我知道一家有四位醫師的小兒科診所，護理師們負責分發嬰兒餵養的書面說明，在發出說明單張之前，他們會詢問「你的醫師是誰？」，總共有四個不同版本的說明單張！

專家們為什麼不提供詳細的餵食指引？

為什麼真正的專家們不給我們更詳細的嬰幼兒餵食指引呢？因為他們只能提供基於證據的建議。也許不是確定的、無懈可擊的證據？也許可能還在等待新的研究以進行修訂？但至少有某種證據。

例如，純母乳哺育的嬰兒不需要額外喝水，因為在溫暖氣候包括在沙漠進行的一些研究，已經證明按著需求哺乳的嬰兒，即使沒有喝水也過得很好。

　　「寶寶輸液（baby infusion）」（在許多國家，會將一些裝有粉末的小包裝產品與水混和在一起，泡成給嬰兒喝的「茶」）對嬰兒是不利的，因為我們已經記錄了數百位因為這些高糖飲料所引起嚴重齲齒的案例。

　　我們建議純母乳哺育六個月，因為在一個研究中[24]，嬰兒被隨機分成兩組，一組純母乳哺育直到六個月大，然後開始給予固體食物（副食品），並持續母乳哺育；另一組在四個月大時開始給予固體食物（副食品）。

　　較早開始給予固體食物（副食品）的那組，生長速度沒有比較快，也沒有觀察到任何其他的好處；但有注意到他們哺乳的情況變少。我們仍然還沒有比較六個月大及八個月大給予固體食物（副食品）的研究，因此將來也許會感到驚訝。

　　含有麩質的食物，應該緩慢引入並從少量開始給予，是因為已經發現，當過早給予時，有一些孩子會發生嚴重的乳糜瀉（celiac disease，一種腸道疾病，發作年齡越早會越嚴重）。

至於延遲給予那些最容易引起過敏的食物（例如牛奶、蛋類、魚類及大豆），因為我們已經看到，當這些食物過早介入時，發生過敏的風險會增加。

該先吃麥片還是先吃水果？

但是，有哪些研究讓我們可以用來建議先給麥片再給水果？或是反過來先給水果再給麥片呢？完全沒有。只有不同人的個人意見：「我相信必須從麥片開始，因為它的蛋白質含量比較高」、「胡說八道，水果必須排在第一位，它的維生素 C 含量比較高」。

為了確定這件事，我們必須進行一個實驗：給五十個孩子先吃水果，另外五十個孩子先吃麥片，然後看看會發生什麼事。當然，所有他們吃的其他食物及狀況都必須相同。

還沒有人做過這個實驗，而且將來也不太可能有人會做。

假設有人進行了這個實驗，什麼是我們可以用來測量的結果呢？

嬰兒的死亡率嗎？當然不是。沒有孩童會因為這兩種飲食而死亡。那會改變過敏的機率嗎？如果我們要比較的是水果和魚類也許可行，而這件事已經做過了，而且那正是為什麼我們要延遲給予魚類的原因。但是目前為止，麥片及水果兩者之間，在過敏方面不會有太大的差異。

哪種食物是他們最喜歡的？會多吃一些的？會少吐一點的？假設差異存在，那將會是個體差異；有些人喜歡水果，其他人喜歡麥片。進行你自己的實驗是最好的，給你的孩子他喜歡的，而不是在某個實驗中受到 70% 的孩子青睞的。

當然，並非所有的影響都會在短時間內顯現出來，如果等上幾個月，或許各組之間某些差異就會很明顯。例如：也許在一歲時，一組的體重會超過另一組。但是這留下一個難題：讓嬰兒的體重重一點的飲食比較好，因為能避免營養不良？還是讓嬰兒苗條一點的飲食比較好，因為能預防肥胖？在世界上大多數的地區，最大的問題是營養不良，但在工業化國家，幾乎沒有人死於營養不良，反而肥胖的盛行率很高，對健康造成嚴重的影響。

也許我們應該測量的是整體的健康狀況，而不是體重。是否應該再等幾個月，看看誰先開始走路、誰先開始說話或使用更廣泛的字彙？如果之後你在學校因為在課堂上說話而被停學，那早一點開始會說話有什麼好處？如果之後你找不到工作，那在學校時擁有好成績有什麼好處？飲食真的會影響幾年之後的健康嗎？將來這些人的膽固醇是更高、還是更低？得到癌症的機會是更多、還是更少？心臟病發作的機會更多、還是更少？

　　科學實驗可以持續三十年或五十年，追根究底之後，我們可能找不到先吃水果或先吃麥片兩者之間有什麼重要的區別；或許我們會找到差異，然後又將面臨新的問題：根據這個結果要做什麼？

　　想像一下（一切仍是為了使人相信而虛構的），例如：先吃水果的孩子，一歲時的體重比先吃麥片的孩子重了 150 公克；他們早三週開始會走路；十歲時的數學成績比較低；但十五歲時的社會科成績比較高；二十五歲時的心臟病發作比較少，但工作的薪水比較低；有比較高的膽固醇但血壓比較低；四十歲時的胃癌比例高出 15%，但五十歲時關節炎比例低了 20%。

作為一個手中握有這些所有證據的媽媽（假設所有數據都是可信賴且經過驗證的），你仍然必須選擇：要先從水果還是麥片開始？

我們一直有些悲觀。首先，我們已經假設找不到重要的差異，然後想像顯著差異確實存在但彼此互相抵消。還有第三種可能性（雖然微乎其微）：研究將發現兩種飲食之間的確有明顯的差異。

假設科學已經證明，毫無疑問地，比起那些先從麥片吃起的人，那些先從水果開始吃起的人一生都更加健康、漂亮、聰明和快樂。發現這樣的結果已經花費了不止五十年的時間，當我們自豪並且開心地向全世界宣佈我們的研究結果，或許不但沒有被感謝淹沒，反而受到更多新問題的困擾：

假如先從蔬菜開始吃起呢？或是雞肉？應該在六個月大、七個月大、還是七個月半大開始？應該從蘋果、梨子還是香蕉開始？若我們國家不產蘋果和梨子，可以從芒果、鳳梨或木瓜開始嗎？給半個蘋果還是一整個蘋果？用金冠蘋果（Golden）、加拉蘋果（Gala）還是五爪蘋果（Red Delicious）呢？剛摘下來的或者是冰箱冷藏後

的水果，其維生素含量都相同嗎？應該保留外皮，因為它含有更多的維生素？還是削掉外皮，因為它含有農藥？我們必須開始一個全新的研究來回應每個問題。

這就是為什麼，這些研究沒有人做過，將來也永遠不會有人做。我們將永遠沒有答案。

＊註1：世界衛生組織關於嬰幼兒副食品的建議，請參考：https://apps.who.int/nutrition/topics/complementary_feeding/en/index.html
＊註2：臺灣兒科醫學會的嬰兒哺育建議，請參考：https://www.pediatr.org.tw/people/edu_info.asp?id=35

第二篇

如果小孩不吃東西該怎麼做？

PART 5　父母可以嘗試改變

　　你的女兒不吃東西。她已經這樣子好幾個月了，或許好幾年了。你已經嘗試過所有的方法，但是整個情況依舊不變。你畏懼進餐時間，大多數的日子裡，你們都在眼淚中終結。但是，女兒不會改變，至少在她的身體需要更多的食物之前不會改變，那也許是她五歲時，或甚至是青春期。

　　你的三歲女兒不會在今天或是下個星期來找你，跟你說：「媽咪，我一直在想，而且我已經決定了，從今天開始，我會毫不反抗地吃掉任何你放在我面前的所有食物，這樣你就會知道我有多愛你。我希望這個舉動有助於改善我們之間的關係。」你的女兒無法如此的理性，即使她這樣做，她也絕對無法信守承諾（因為，正如之前

解釋過的，她的身體無法吃得比需要的更多而不生病）。

因此，改變唯一的希望來自你自己。你可以告訴女兒：「甜心，我一直在想，而且我也已經決定了，從今天開始，我不會在你不餓的時候要你吃東西，或是強迫你吃到幾乎要吐。」你是可以信守承諾的（儘管當然，這會很困難）。

 ## 一個即將改變人生的實驗

請務必了解，這裡提出的建議並不是能讓你的孩子吃得更多的新方法。她會吃得一樣多，或差不多。討論的重點是，讓她在合理的時間範圍內愉快地吃東西，而不是兩個小時都在哭、反抗和嘔吐。

也請了解，我們不是在談論讓孩子挨餓。這個想法不是，「你被寵壞了，所以我要把食物拿走，然後從現在開始你就會知道飢餓是什麼意思了。當你準備好要吃飯，你就得禮貌地詢問我。」除了不公平之外，這還很危險，因為你會讓女兒加入一場意氣之爭，一

場孩子們經常會獲勝的戰爭。

有幾次，我曾經看過（或者更確切的說，在幾年以後被告知），「不要強迫他們吃東西」的方法失敗了。在那兩個案例裡，這個方法都被用來當作懲罰（甚至不需使用那些確切的單字，或是甚至不需吭聲）。

尊重孩子的自由與獨立

相反地，我們提出的建議是：尊重孩子的自由與獨立。正確的態度是：「親愛的，你還不餓是嗎？好吧，那你刷完牙後就去玩吧！」

對大部分花了很多年的時間為食物而奮鬥的媽媽來說，這樣的改變很難做到，所有的改變都很困難；談到食物，更是特別會引起焦慮。我聽過有些媽媽說，當她們停止嘗試讓小孩吃東西時，不得不到另一個房間哭泣。她們深信，除非強迫，否則孩子一定不吃；甚至會開始貧血，或者甚至「餓死」。

但是孩子並不會當場昏倒然後餓死。在病得非常嚴重之前，體重會先流失，流失很多的體重。記得她在出生後是如何流失體重的嗎？許多孩子在兩天內減輕了 250 克，然後在不到一週的時間內就恢復，並且沒有引起任何問題。

如果你的女兒不吃東西，她將會流失體重，而且她必須在陷入真正的麻煩之前流失很多的體重。在非洲營養不良兒童的照片中，我們可以看到這些孩子已經流失了（或從未增加）5 至 7 公斤。

簡單監測孩子健康的方法：測量體重

你可以用一個非常簡單的方法來監測你孩子的健康，以確保她沒有任何危險：一個簡單的秤。

當你孩子的體重減輕不到 1 公斤，她不會有危險。我說 1 公斤（比較小的孩子也許要少一點，例如，他們體重的 10%），是因為體重有小小的波動是完全正常的，所以你並不需要擔心這些。如果你在孩子喝一杯水之前和之後幫她量體重，她將會增加 250 公克。

如果你在她上完廁所後量體重，她可能會減輕將近半公斤；體重減輕少於 1 公斤是無關緊要的，而且離任何危險還遠的很。

即使你不相信本書的論點，又即使你仍然覺得你女兒，「除非我們強迫她，否則她一定不會吃」，我懇求你試試這個方法，像是做個實驗。反正你也沒有什麼好損失的，你已經奮鬥了如果不是好幾年，也有好幾個月了，並且已經嘗試過一切方法。

如果你是對的，那麼不強迫她吃東西將會讓她的體重流失超過 1 公斤，而且流失得很快（一個新生兒即使在有餵奶的情況下，可以在兩天內流失 250 克的體重；如果她真的不吃東西，會輕易地在一個星期內體重減輕超過 1 公斤）。

如果你是對的，這個實驗在持續一個星期或更短的時間後，你就可以開始再次要求她吃東西，而她應該會回復到減輕前的體重。你將贏得一個可以告訴所有鄰居的權力，那就是岡薩雷斯醫師（本書的作者）的書一文不值。

但如果我是對的，經由不再強迫她吃東西，她的體重甚至減輕

不到 1 公斤，這意味著她在被強迫與不再被強迫時吃的東西是一樣的。想想你花費了多少時間在試圖餵她吃早餐、午餐、晚餐和點心這些事情上呢？

　　許多媽媽每天花費超過四個小時，充滿著淚水、尖叫聲及嘔吐的四個小時。現在，你的孩子每天可能花費大約一個小時吃東西，有些時候她甚至不需要你隨侍在側。想一想你在多出來的時間裡可以做的所有事情：看書、寫書、學彈鋼琴……或者，只是簡單地跟女兒一起做更多愉快的事情；將時間拿來一起讀故事書、畫畫、堆積木、玩耍和幫助她做些日常生活中的小事。

🍴 預備！實驗開始

　　如果這個實驗成功，你的生活、你女兒的生活，以及你們全家人的生活都將會改變。

　　大致上，實驗如下：

1. 幫孩子秤體重。

2. 不要強迫孩子吃東西。

3. 幾天後再次幫孩子秤體重。

4. 如果她的體重減輕不到 1 公斤，回到步驟 2。

5. 如果孩子的體重減輕已經超過 1 公斤，停止實驗。回去做任何你想做的事。

 實驗重點提示

同一個秤

　　一個簡單的浴室磅秤就能用來做這個實驗，只要這個秤的功能是正常的。當然，你也可以使用化學家在用的秤。務必確保你所使用的是同一個秤，以及讓孩子穿相同的衣服（在家可不穿衣服）。

如果你在一天中的同一個時間進行秤重，可以省去一些憂慮，但是這樣做並不是必要的。你可以按照你的期望，想替孩子秤幾次就秤幾次，我最多就是每週替孩子秤一次，但是如果你非常擔心，可以每天秤。

在任何情況下，除非孩子的體重已經減輕了至少 1 公斤，否則請不要嘗試要求她吃東西。顯然地，這個實驗必須在孩子健康的時候進行；而不是在她拉肚子、感冒或出水痘的時候進行，因為孩子在生病時，不管有沒有嘗試要求他吃東西，都很容易就會掉了 1 公斤的體重。

不要強迫孩子吃東西

這意味著你不會使用任何的方法、任何的策略，無論是溫和的還是嚴厲的，來強迫孩子進食。

我知道你不會將孩子綁在椅子上毆打她，當我說「不要強迫她」的意思是，不要將湯匙當做「飛機」、不要用歌曲或電視來轉移她

的注意力、不要承諾如果她將飯吃完會給她獎勵、不要處罰及威脅；同時不要乞求或懇求、不要呼求她對你的愛或祖母的認可；不要拿她跟兄弟姊妹比較，也不要說「好女孩」或「壞女孩」；不要將甜點做為吃完飯的條件。

 ## 如何不強迫孩子吃東西？

讓我們假設，你今天的主餐是通心粉、馬鈴薯牛肉，甜點是香蕉。

第一樣食物

「你想要吃通心粉嗎？」「好！」孩子在開始抗拒之前，通常會吃多少通心粉？5條？好吧！放3條在她的盤子上。3條？是的，不是3湯匙、3大團，而是3條通心粉。讓她自己吃，她可以用手指頭，或是用叉子，如果她知道怎麼用的話。

如果她吃完了那些通心粉，你不需要再問，「親愛的，你還想吃更多的通心粉嗎？」，如果她還想要更多，她會自己要求。倘若幾分鐘之後她還沒有吃掉通心粉，你問她，「你吃完了嗎？」如果她說她已經吃完了，你就將盤子收走，不要惡狠狠地看她、也不要責備她。

假如她說她還沒有吃完，但是並沒有在吃，委婉堅定地讓她知道她必需吃，否則你會把盤子收走。在合理的時間內，如果她仍然沒有要吃的跡象，就將盤子收走。剛開始的幾天，孩子可能會因為習慣像過去那樣花費兩個小時吃飯，以至於這樣的改變可能讓她感到驚訝；所以彈性一點，如果她想要拿回盤子就還給她。

如果你的孩子習慣讓大人餵食，試著不要讓這個要她自己吃的新方法，使她感覺像是在懲罰或是不關心她。如果她想要你餵，那就餵吧！如果她沒有在吃，但又不想盤子被收走，你可以主動提出要餵她，「你想要我幫你嗎？」但是除非她已經開口請求或接受幫助，否則不要餵她，並且在她不想再吃更多的時候立即停止。

第二樣食物

　　孩子也有可能對通心粉連嘗試一下的興趣都沒有。你不用有反應、也不用改變語調，直接給她第二樣食物。

　　不管她是吃了 5 條通心粉還是半條都沒吃，你都從下一樣食物重新開始：問她是否想要吃一些，放上比你認為她會開心吃完的份量還要少一點的份量在盤子上。現在請記住，很多兩歲或三歲的孩子，吃的牛肉份量大約是張郵票的大小，而且那是在他們非常餓的時候。如果她只想要吃馬鈴薯，就給她，並且只給她馬鈴薯。

　　我使用的範例包括兩樣食物，因為許多家庭都是這樣準備的。但是有些家庭只準備一道菜，那也無妨。我絕對不是建議你應該準備兩道料理。

吃甜點的時間及份量

　　當她不想要更多第二樣食物的時候，就該上甜點了。

- 不要企圖用甜點賄賂她：「如果你吃完所有的肉，就可以吃巧克力冰淇淋。」

- 也不要對她施加壓力：「在你把肉吃完之前，我們不能吃冰淇淋。」

- 還有絕對不要嘲弄她：「好吧！甜點在這兒，但如果你真的有那麼餓，那你剛剛應該可以吃得下更多肉的。」

- 也不要責怪她：「我在這個炙熱的爐子旁忙得要命，為的是要做一頓很棒的晚餐，但是這裡的小公主卻寧願吃優格。」

如果她也不想吃甜點，那就讓她離開去玩吧！

請牢記，商品的包裝大小，例如優格產品設定，是以成人為考慮所做的設定。當你吃一個優格，你吃的是一個，而不是半打。你不應該期望一個三歲孩子會吃下相同的量。也許她真的吃下去了，那也不是問題（想當然爾，那將會是她全部的晚餐）。但如果她先吃了其他的東西，她可能只會吃掉大約四分之一個的優格。期待她吃完全部是不合理的；而且不要告訴我，「可是，我的父母總是餵

我吃兩個」，因為那是騙人的。

相同的方式，當你吃一根香蕉、一個橘子，或一個蘋果時，你可能只吃一根（個）。沒有人會拿起一串香蕉，就好像它們是葡萄一樣開始吃。期待孩子吃掉一整根香蕉或一整顆蘋果是不合理的，除非那是她正在吃的唯一食物。

不要使用懲罰，像是：「好了，現在我要把通心粉收起來了，而且在你把它們吃完之前，不管是冷掉的或乾掉的，你不會再有其他東西吃。」在下一餐的時候，還是給她你打算給其他人吃的東西（當然，很多家庭會將剩菜當作下一餐。如果那是你平常的做法，可以這樣做，但不是為了懲罰）。

什麼都不想吃的時候

假設你的孩子早餐不吃、午餐不吃、點心不吃，晚餐也不吃。你是否擔心可能會發生什麼事？那就幫她秤個體重吧！如果她的體重減輕不到 1 公斤，請繼續下去。

這是一個停下來思考實驗進行得如何的好時機。你確定其他的家庭成員沒有試圖讓你的孩子吃東西嗎？你確定你沒有使用刺激、暗示或其他心理壓力，來取代肢體暴力嗎？

孩子不太可能真的整天都沒吃東西。幾乎可以確定的是她會吃些東西，而且通常會非常接近她在實驗進行前所吃的。如果你在隔天幫她秤體重，她可能不會有任何的減輕或增加。

她也有可能因為重獲自由，在用餐時間一點東西也不吃，但幾個小時以後她就可能餓了，那時你可以餵她，只要餵的是「健康」的點心。你可以從她以前拒絕的食物中選擇（如果那是她想要的，而不是作為懲罰），或任何你手上現有的食物：一根香蕉、一杯優格，或是一個三明治。

試著避免兩個錯誤：

· 第一，提供零食點心取代健康的食物。

· 第二，變成一個有求必應的快餐廚師。

不要強迫你的孩子吃飯是一回事，而在廚房裡待上一個小時又是另外一回事。只因為心愛的寶貝想要吃義大利麵，而不是通心粉。任何一位家庭成員，不論年齡大小，不喜歡當天晚餐菜色的人就不需要吃已經準備好的晚餐。但他們不得不將就他們能抓取到的任何食物（至少在他們學會做飯以前）。

　　每一項特權都伴隨著責任。煮你想煮的當晚餐，這項特權意味著你必須忍受家庭成員想要其他食物的抗議。為了避免必須煮兩種餐和避免爭吵，許多家長最後只好煮他們知道自己孩子會喜歡的餐點。義大利麵、米飯和炸薯條因而成為有幼童的家庭的主食。

孩子的用餐禮儀

　　來到此刻，你可能會在乎有關用餐禮儀。我在很小的時候就被教導食物不是被拿來扔的。而且期望孩子吃完他們自己要求的食物看起來是合理的，但不是其他人試圖強迫他們吃的。

　　此外，小小孩可能會犯錯，他們要求的量可能是超過他們吃得

完的。關於這點，隨著時間流逝，他們會修正得更好。在成人之間也很常見的是，即使不喜歡，你還是會吃掉所有擺在你面前的食物。

當我們在朋友家吃飯時，我們會假裝喜歡自己不喜歡的東西，然後無論如何吃光（雖然很多成人對於在餐廳裡留下整盤的食物毫無困難）。但是，我們會在五點整用餐嗎？在某些家庭中，直到每個人用完餐之前，沒有人會離開餐桌是一件被預期的事。

如果這些禮儀規則中的任何一項看起來對你很重要，無論如何，教給你的女兒……但不是今天。今天你正在嘗試解決一個嚴重的問題，以後還會有很多時間，可以充滿愛及耐心地教導她良好的用餐禮儀。你不能指望一個三歲的孩子表現得像個成年人一樣啊！

提供適當的量

那麼，在這期間應該怎麼辦才能不丟掉剩餘的食物呢？嗯，首先，不要在盤子裡放上太多的食物。你的孩子不會每天吃得一樣多，那是當然的，但如果你在盤子裡放的是適當的量，那麼盤子中應該

偶爾只會剩下幾湯匙的食物。

如果你不想將那些扔掉，你可以自己吃掉。但是如果每天剩下的是半盤食物，那表示你給孩子的份量是他的需要量的兩倍。你才是浪費食物的那個人，堅持提供給你的孩子遠超過你所知道他能吃得完的量。

 ## 但這真的行得通嗎？

阿德里雅娜以及她兒子胡安的故事是一個完美的例子，講述當一個家庭被知會他們必須要求孩子吃東西時所能到達的痛苦深淵，還有這個問題是多麼地容易，只要用一點點的常識就可以解決。

從一開始，阿德里雅娜在嘗試哺乳時就遇到很多阻礙：儘管她要求，護理師還是拒絕將她的孩子帶到她身邊，直到出生六小時之後。之後她們告訴她，「如果他沒有從哺乳中喝到奶，他會需要食物」，然後著手用奶瓶餵他。

這個故事非常典型：奶瓶、黃疸、體重減輕、乳頭疼痛……

在醫師和護理師都嘲笑我的努力之後，我放棄哺乳。

但是用奶瓶餵奶不是那麼容易。胡安喝不到「適當的」量，他的生長也沒有遵循生長曲線。他被帶去看了幾位醫師，也嘗試了每一種配方奶（包括預解配方 pre-digested、低敏配方等種類），住院做過兩次胃鏡、過敏原測試、顯影劑檢查及實驗室檢查。

他們最後發現了一個胃幽門腫塊，看起來似乎有部分阻塞了他的胃出口。儘管他們不是那麼確定這是造成我們的問題的原因，但這是所有他們能找到的了，至少最後有找到些什麼。

在這之後，我們開始經歷了便秘、栓劑、瀉藥、灌腸。再接下來，醫師們提早給他固體食物（副食品），看看是否有幫助。嬰兒食品罐頭、粉狀的嬰兒食品，和大量的食物都被浪費掉了。

我們的兒子成長得非常緩慢，他每天嘔吐，然後我們每天開罵、威脅、賄賂、唱歌、走到門廊、打屁股、買玩具、做鬼臉、講故事等等。

在兩歲九個月時，胡安的體重是 12 公斤。他會嘔吐，有「行為問題」，曾看過精神科醫師，以及仍然需要去看腸胃科醫師。正是在這個時候，他的媽媽看到這本書的第一版：

我們的生活已經完全改變，他吃得比以前多。起初他很困惑，好像很疑惑，我們沒有要求他吃完盤中的食物，他似乎認為我們是瘋了還是怎麼了。但現在他吃得更多了，也吃得更好了。他甚至要求在用餐以外的時間吃東西。自從第一天我們開始應用這個方法，變化就如同黑夜與白晝……。

他的行為也有改善，雖然還有許多事情要做，有好多的傷害需要修復。現在，他正在經歷一個困難的階段，因為他似乎有點忌妒他的小妹妹。但我想這是可以預料的。有一件對他有幫助的事，每天我會為了他擠一些母奶（70 至 90 毫升），並且裝在杯子中給他。他看到我擠這些奶給他，而且知道這跟他妹妹喝的是相同的奶，我想這會讓他放心。我還注意到，自從我給他喝我的奶之後，他已經超過一個月沒有感冒了……。

我很生氣，因為我的家人，尤其是我的兒子，必須經歷這所有的一切；而這一切都是在他完全健康和正常的時候。

當然，閱讀這本書並不總是那麼見效，你可以問問奧羅拉，她寫著：

就在我讀完這本書之後，我的女兒就不吃東西了，但她仍然開心得不得了。

我發誓這不是這本書的錯。實際上發生的是，奧羅拉正好在她女兒剛滿十二個月大時讀了這本書，接著，如同我們已經解釋過的，在那個年齡食慾似乎會有所下降。

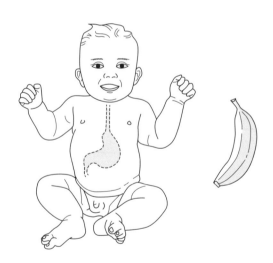

重點筆記

第三篇

如何在最初就避免問題發生？

PART 6

不引起戰爭的哺乳

 清楚的指示：不要強迫小孩吃東西

　　就像大多數其他的事情一樣，與孩童在食物之間的衝突，預防比治療要容易許多。本書的標題及內容很少會吸引懷孕的夫妻或是寶寶還沒開始吃固體食物（副食品）的父母。我的讀者大多數都是絕望的父母，因為他們的孩子已經好幾個月「不吃東西」了。

　　但我不會灰心，或許你正懷孕中，又或許你的孩子還很小，而

這本書是由經歷過飲食戰爭的朋友或姑嫂姨媽們借給你或推薦給你的。或者，你正考慮懷另一個孩子，而你最想要的莫過於避免第二次的進食問題。

因此，這個章節包含了如何餵養你的孩子以避免衝突的一些技巧。

我無法再說明得比以下更清楚的了：

不要強迫你的小孩吃東西──永遠不要用任何方式、在任何情況下、因為任何原因要求他吃東西。

這個建議只有兩行，你可能會認為這不值得你為這本書付出的金錢。因此，我將做進一步的闡述。

不過，其他一切都是浮雲，如果你在任何時候迷失在我的說明中時，你需要回到基礎上，請回到上述兩行的內容。

相信你的孩子

讓我們回到最初。在經過九個月漫長的等待之後，你終於將你的寶寶抱在懷裡。停！雖然會有很多人試圖告訴你其他的方式，但對你的寶寶來說，你的懷中是最好的地方。

為了從最初就避免問題發生，最重要的事就是相信你的孩子。孩子會知道他自己是否餓了，但時鐘不會。大部分的孩子每天會以不規則的間隔哺乳八至十二次。

在剛出生的頭幾週，當他們還在學習的時候，他們通常在每邊的乳房會花上 15 到 20 分鐘，不過大約在二到四個月大的時候，他們有時吃奶會吃得很快，5 到 7 分鐘或甚至更短的時間內就吃完了。

這是大部分孩子的做法，但總是會有一個打破記錄的孩子，吃奶的時間很長或很快。如果你在他要求的時候立即哺乳，並且讓他想吃多久就吃多久，孩子終將會獲得他所需要的奶水。

按照寶寶的需求給予乳房

　　我們先前已經解釋過為何應該按照嬰兒的需求哺乳（請參閱第二章及第四章）。你要記得，寶寶通常沒有規律的時間表，因為正是這個時間表上的變化，讓他們能夠調整奶水中的成分以適應他們的需求。

　　有人說，我們的文明害怕真正的自由；這也許可以解釋為什麼有那麼多人無法接受按著寶寶的需求哺乳這件事，還因此試圖強加限制。可悲的是，有時候這些限制被施加得如此巧妙，以至於好似我們在談論同一件事，但其實並不是。例如，下面這些常見的誤解：

・ **第一個誤解：**

　　「按照需求提供乳房，也就是，不要早於兩個半小時，也不要超過四個小時。」

這不是按照嬰兒的需求哺乳。這是一個彈性的時間表，儘管或多或少落在大致的範圍內，但這不是按照需求餵養。為什麼不在兩個半小時以內哺乳？難道你從來沒有發生過，在用餐後遇到一個朋友，然後你們一起去喝咖啡？還是你會告訴你的朋友：「你儘管去喝你的咖啡吧！我會陪你。我剛剛才吃過，我得等到五點才能再吃東西？」

· **第二個誤解：**

「在出生的頭幾週，建議按照嬰兒的需求哺乳，一段時間以後，你的孩子將會有他自己適應的模式。」

不是所有的孩子都能找到一種模式。而在那些真的形成規律的孩子中，也很少能夠像遵循嚴格的軍事訓練那般，如下面這句話所暗示的——每兩個小時，或每三個小時，或每四個小時吃一次。他們選擇的節奏可能更像是「恰恰恰（cha-cha-cha）」：有幾次的哺乳密集地出現在一起，其他次的哺乳間隔比較長，而有一次的停頓更久 [25]。

當哺乳的模式出現時，往往是隔天遵循著前一天的模式。如果蘿拉通常在白天時哺餵得很頻繁，然後在下午睡一段很長的時間，那麼明天她很有可能會重複這個模式。但是她也有可能會讓你感到驚訝，這就是生養孩子的美好。他們是人，而不是機器人。

・ 第三個誤解：

「嘗試延長兩次餵食之間的時間。」

這個也不是按照嬰兒的需求哺乳。為什麼人們是如此地著迷於想要延長兩次餵食之間的時間？你的寶寶想要吃奶，而你也想要餵他，為什麼會有人對這件事有話說？你是否也應該要試試延長兩次親吻之間的時間呢？如果你的星期天和星期天之間的時間被「拉長」了，你覺得如何？或是發薪日和發薪日之間、假期和假期之間？或許我們的老闆會對每隔十天才有一個星期天、每隔四十三天才付我們薪水、每隔一年半才給我們兩週假期感到高興，但他們甚至不打算提出這個建議。

那麼，如果你的寶寶會說話，他也會一樣的憤慨，因為他發現居然有人想要「延長兩次餵食之間的時間」。（對於「延長兩次餵食之間的時間」的缺點，更多的資訊請參閱第 284 頁常見問題「在兩餐之間吃點東西不好嗎？」）

三個月大時的危機

　　在大約兩到三個月大時，有一些寶寶在哺乳方面會變得很厲害，他們只需要花上 5 到 7 分鐘就能夠喝到他們所需要的量，有時候甚至是 3 分鐘或更短。如果沒有人告訴媽媽這件事，又如果她聽到的都是「10 分鐘」，她將會認為她的寶寶吸奶吸得不夠，就像安卡娜一樣：

- -

　　我有一個四個月大的女兒。我的問題是，我不知道她吃得夠不夠。她在乳房上只花了 3 到 4 分鐘，所以我擔心她會沒有喝到足夠的奶水。她在兩個月大時，第一邊的乳房會吃上 10 分鐘，接著在另一邊的乳房吃個 5 分鐘，並且體重增加得很快。現在她的生長曲線

似乎在往下掉。我還注意到我的乳房沒有像之前那樣飽滿；它們曾經是會滴奶的。

令人費解的是，吃奶的時候，她在頭幾分鐘會吞下很多的奶水，而且速度非常快，接著她會開始在乳房上來來回回，而且也不願意靜靜地坐著。我必須要換邊、嘗試不同的姿勢餵奶，好讓她至少可以哺乳個 10 分鐘。我不知道她這樣做是否是因為仍然肚子餓還是什麼原因。

另外一件事是，她現在吃得比較頻繁，尤其是在晚上。她之前一次可以睡五到六個小時，現在她只睡三個小時或偶爾睡四個小時。

醫師告訴我，我可以開始用奶瓶餵她喝配方奶。我已經試過了，但她不想要，即使是其他人用奶瓶餵她。

這位媽媽的故事描繪了這場「三個月大時的危機」的所有特點：

1. 一個過去哺乳要花上 10 分鐘或更長時間的寶寶，現在 5 分鐘或更短的時間內就喝完了。

2. 曾經感到沉重或飽滿的乳房現在變得柔軟。

3. 乳汁不再溢漏。

4. 寶寶的體重增加變慢了。

奶水供需平衡＋寶寶成長趨緩

這一切絕對是正常的。產後頭幾週的乳房充盈與乳汁的量無關，更精確地說，這是一個發生在泌乳初期，暫時性的發炎現象。乳房腫脹及漏奶是「啟動開始」時的問題，當哺乳舒適地建立起來後就會消失了。

至於體重的增加變慢，當然，這是可以預期的。嬰兒的體重增加在接下來的每個月會越來越少。那就是為什麼生長曲線之所以是曲線的原因，否則它就會是條直線了。

在一到兩個月大之間，母乳餵養的女寶寶，體重通常會增加 500

克到 1.5 公斤之間，平均略高於 1000 公克。我們排除了第一個月，因為那個階段通常會有一些體重流失及增加的情況而使得體重的數字變化太大。如果嬰兒以這個速度持續增加體重，一年後他們將增加 6 到 18 公斤，平均超過 12 公斤。

事實上，在生命的第一年，女寶寶的體重增加介於 4.5 到 7 公斤，平均是 6 公斤。換句話說，即使一個女寶寶在頭一個月增加了 500 公克（有些人會認為這太少了，但這確實是正常的），最後增加的幅度甚至會更低。這裡所有列出的體重數值都是近似值及經過四捨五入。男寶寶增加的體重通常比女寶寶稍微多一點。

安卡娜的寶寶當然不會想要奶瓶，她不餓啊！不幸的是，並非所有的嬰兒都能表現出這種反抗，有時候，特別是如果我們堅持，即使他們不餓，他們也能喝掉一瓶奶。不要為了只是想看看這樣做是否真的有效就去嘗試！

如果曾有人花時間向安卡娜解釋這些即將會發生的事，她根本完全就不用擔心了；但是孩子的變化讓她措手不及。

還有，如果那時候安卡娜對自己的哺乳能力是有信心和肯定的，她就不需要擔心了。因為關於這些所有的變化，最合乎邏輯的解釋是，「我有好多奶水，我女兒只要 3 分鐘就吃飽了。」但是在我們的社會中，對於餵母奶失敗的恐懼是如此大，以至於不論發生什麼事，媽媽總是會認為（或是被告知）她的奶水不足。

寶寶醒著的時間會更長

　　這位媽媽還因為另外一個迷思而擔心：隨著時間流逝，寶寶們會學會睡得更久一些。但實際上，寶寶們會花更多的時間醒著。的確，有一天他們將能連續睡上更多個小時，並且可能在大約三到四歲大時開始睡過夜，但幾乎不會是在四個月大的時候。

　　從出生到四個月大間，你在寶寶身上最有可能觀察到的變化是：他將會睡得更少。大部分的嬰兒在出生後的頭幾年，每天夜裡會哺乳個幾次（比起在深夜裡用奶瓶餵奶，哺乳要容易得太多，尤其是當嬰兒與你同床的時候）。

案例中的媽媽已經開始在強迫她的女兒吃東西了，一切都是從這裡開始走下坡的。很容易就可以預料，除非媽媽決定做出重大的改變，否則開始給固體食物（副食品）的時候將會是一場奮戰。

怎麼做才能增加奶水？

究竟是為什麼你想要有更多的奶水？你正在考慮開一家乳品公司嗎？

媽媽們對於奶水製造量是否足夠的擔憂由來已久：幾個世紀之前，當所有人都進行母乳餵養時，人們會向聖人及處女祈禱，這些人「專責」生產優質、豐沛的奶水，同時媽媽們會使用聲譽卓著的草藥和混合物來發奶。

或許這種恐懼源自於無知。人們認為，奶水的產量取決於媽媽——有的媽媽奶水多，有的媽媽奶水少；有製造優質奶水的媽媽，也有製造劣質奶水的媽媽。

奶水製造量取決於寶寶

在大多數的情況下，奶水的製造量並不是取決於媽媽，而是取決於嬰兒；有的嬰兒會頻繁吃奶，有的不會，然而奶量總是能精確地與嬰兒喝的一樣多。

精確地？是的。奶水的產量是藉由寶寶在前一次哺乳時所吸出的奶水量每分鐘、每分鐘*進行調整的。如果嬰兒非常餓，而且很快地將乳房吃空*，那麼奶水將會以極快的速度製造。但是，如果孩子不太有興趣吸奶，吸完後乳房還有一半脹脹的，那麼奶水的製造將會變得比較緩慢。這些已經藉由精密地測量乳房在兩次哺餵之間的體積變化來加以證實。

一個媽媽若是奶水不足，也就是奶水少於她寶寶的需求，下列某一項情況必定存在：

＊註：隨時的意思。
＊註：當乳房被寶寶吸到很鬆軟，代表寶寶將大部分的奶水都吸走了，而不是將乳房吃到一滴奶不剩的全空。

1. **嬰兒哺乳得不夠多：**例如，當嬰兒生病了，或喝了太多的糖水或茶，或是已經瓶餵過了。

2. **哺乳的嬰兒，但方式不正確：**例如：當嬰兒因為已經習慣安撫奶嘴或奶瓶而將舌頭放錯位置，或是當他因為體重減輕太多，或是神經系統的問題而虛弱時，抑或是由於他的舌繫帶太短使得他無法自由地移動舌頭。

3. **不被允許哺乳的嬰兒：**因為人們想要按照時間表來餵他，或是當他表現出飢餓的跡象時，用安撫奶嘴取悅他。

除了這三種情況（或其他一些可能很少發生的情況）以外，幾乎所有的媽媽都能有剛剛好符合她們寶寶需求的奶水量。

確定奶水是否真的不足

因此，當被問到：「我該怎麼做才能增加奶水？」時，第一件事是要確定是否真的有問題（像是孩子的體重正在減輕或是增加得

非常緩慢）。如果有這樣的情況，就需要弄清楚問題是屬於上面三種情況的哪一種（或者可能三種都有），然後進行處理。

· 如果嬰兒生病了，我們需要找出他的問題所在並加以治療。

· 如果他是因為太過虛弱而無法哺乳，那就將奶水擠出並使用其他的方式餵他。

· 如果有給他喝水或使用安撫奶嘴，請停止這麼做。

· 如果有讓他使用奶瓶，也請同樣停止使用。

　　上述的方法必須逐步進行，尤其已經使用很多上述這些方式餵養他的時候。如果問題是哺乳姿勢，修正姿勢好讓他可以學習。一個母乳支持團體會很有幫助＊。

＊註：請見 www.breastfeedingnetwork.org.uk, www.laleche.org.uk, www.abm.me.uk, www.nct.org.uk, www.thebabycafe.org

假的奶水不足的狀況

但是，在很多、很多情況下，媽媽會因為這個或那個的原因，（錯誤地）相信她沒有足夠的奶水。

一些假的奶水不足的「症狀」如下：

· 嬰兒在哭。

· 嬰兒沒有哭。

· 比起每三個小時，嬰兒想要被更頻繁地餵食。

· 已經過了三個小時，而嬰兒仍然沒有要求要吃奶。

· 嬰兒吃奶超過 10 分鐘。

· 嬰兒吃了 5 分鐘的奶就不想吃了。

· 嬰兒在夜裡要吃奶。

· 嬰兒在夜裡不吃奶。

· 我的媽媽也沒有奶水。

· 我的媽媽有很多奶水。

· 我的乳房太漲了。

· 我的乳房太空了。

· 我的乳房太小了。

· 我的乳房太大了。

· 我沒有乳頭。

· 我有三個乳頭。（你笑了嗎？許多媽媽嚴肅地告訴我，她們「沒

有乳頭」。我向你保證，有三個乳頭的比起沒有乳頭的更常見。）

．

當媽媽對上述任何一項症狀感到擔心時，她會決定要做些什麼事來增加她的奶水。如果她採取的措施是無效但無害的，像是吃杏仁或是向聖安東尼＊點上蠟燭，那麼可能不會有壞事發生，甚至有可能她的信仰讓她相信她的奶水已經增加了，皆大歡喜。但是有時候，媽媽會嘗試一些確實有效的方法，或至少是具有潛力的方法。在那些情況下，來自一些對人類泌乳知識有些許瞭解的人的建議，比起那些不了解的人給的建議所造成的危害更大，尤其是當媽媽的奶水供應量完全不是問題的情況下。

下面依蓮娜的案例向我們展示了，當結合了 10 分鐘法則、增加體重的焦慮，以及一些看似合理卻不相關的建議時，痛苦的深淵是如何被引發的，因為打從一開始就沒有問題需要被解決：

＊註：羅馬帝國時期的埃及教父，是基督徒隱修生活的先驅，也是沙漠教父的
　著名領袖。

我的兒子三個月又十天大，他的體重只有 5.640 公斤。出生時，他的體重是 3.120 公斤，幾天後掉到 2.760 公斤。主要的問題是他從來都不想要吸奶。剛開始，我每三個小時親餵他一次，但他總是只喝一點。醫師建議我每兩個小時親餵他一次，由於情況並沒有改善，有人建議我要一直把他放在乳房上。但情況根本沒有改善，事實上更糟。寶寶只有在夜裡以及白天他半睡半醒時才會好好地吸奶。

　　我已經做了人們告訴我的每一件事：像是給他乳房之前先擠出一些奶水，好讓他能夠得到「熱量高」的奶水；去掉我飲食中的乳製品。沒有一件事是有效的，我快要瘋了。我們甚至試著用奶瓶，但他並不想要。

　　醫師說他很健康（已經做了幾次實驗室的檢查）而且很正常，但是我對這個狀況感到非常苦惱。我活在不斷的痛苦中，擔心他下一餐到底會不會吃，時時注意著看他是否要睡覺了，好讓我可以把他放在乳房上，然後等著看他會不會正好碰巧有吞嚥。我無法外出或做任何事，以防萬一寶寶決定要吃奶。我也非常擔心，因為他的體重低於平均值。

這個寶寶的體重落在第 7 個百分位，也就是，在一百個跟他同年齡的嬰兒中，有七個的體重比他輕，這個體重完全正常。以每年在英國出生的 750,000 個嬰兒來說，會有 52,500 個，其他那 52,500 個孩子的媽媽是如何處理的呢？

然而，問題不在於體重，而是這個寶寶「哺乳得很少」的事實。這意味著（由於這是親餵母乳的寶寶，我們並不知道他實際吃了多少），這個寶寶吃奶的速度很快。如果這位媽媽能早點知道有些嬰兒吃奶吃得很快，有一些嬰兒吃得比較慢，還有不需要盯著時鐘哺乳，有多少痛苦本來是可以避免的？

如果當這位媽媽第一次說出「我的寶寶吃得好少」時，有人說，「當然！他好聰明，他知道如何有效率和迅速地吃奶。」情況會改善多少呢？取而代之的，她被告知寶寶有問題，他吸奶的時間不夠長，然後她得到需要多餵他的建議。由於這個寶寶不需要吃更多的奶，因此無法餵他更多，這個建議自然註定失敗。

在短短的四個月，情況已經惡化到寶寶只有在睡著時才吃奶。心理學家也許會談到厭食什麼的，以致於寶寶在清醒時不願意親餵。

也許他還會解釋「好的乳房／壞的乳房」，但我們不需要看心理學上抽象的概念就可以知道，如果寶寶在睡著時已經喝了奶，攝取了他所需要的量（由他持續正常的生長可以證明），那麼在他醒著的時候要讓他多吃奶是不可能的。這樣他將會吃下他所需要的兩倍量，他會爆炸的。

只要他的媽媽持續在他睡覺時哺乳，這個寶寶就無法在清醒時哺乳。而且他只有四個月大，還沒有嚐過固體食物（副食品），也還沒有經歷過一歲時正常的食慾下降。如果事情不改變，這個家庭的情況可能會變得很絕望。

孩子如何看待這個情況呢？當然，他不知道發生了什麼事。他不知道他被規定吃奶應該要吃 10 分鐘，也不知道他的體重在第 7 個百分位。他本來很好，想吃就吃，突然間，奇怪的事情開始發生了。他被更加頻繁地喚醒來哺乳，他盡他所能地去適應，理所當然，縮短吸奶的時間。

有時候，有些人會在開始餵奶前時先擠出脫脂奶水（脂肪較少的前段奶），這樣他從第一口的吸吮就能得到富含脂肪和熱量的奶

油（脂肪較多的後段奶）。可以預料的是，這會讓寶寶吸奶所花的時間更短；很自然地，他更不會想要嘗試瓶餵了，「拜託，我今天已經吃了八次奶了！」每一次他都用合乎邏輯的方式回應，無法理解他的媽媽以及給她建議的那些人。

幾週前，他開始有一些奇怪的「惡夢」。他夢到有一個乳房被放進他的嘴裡，然後他的胃充滿了奶水。最奇怪的事情是，這個夢十分真實，他甚至在醒來時覺得好飽，白天也無法吃奶。

他的媽媽似乎一天比一天更加擔心；他有時看到她在哭，這使他感到害怕。如果他能說話，他很可能會說出和媽媽對我們說的同一句話，「她快要把我逼瘋了。」還有，如果他能了解正在發生的事情，他當然會盡力吃奶吃得慢一點，並且在乳房上待上被要求的10分鐘（當然，是喝相同的量，沒有必要讓自己消化不良），這樣的話，每個人都會很高興。但是他並不了解發生了什麼事，也無法釋出善意。唯有他的媽媽做出改變，否則這個問題將會持續數月甚至數年。

為什麼你的小孩不要用奶瓶？

我們有一個四個半月大的女兒。她的體重是 5.950 公斤。到目前為止，她完全都是由我親餵母奶，但是我們認為我們可能必須開始給她額外補充奶水。問題是她拒絕瓶餵。我們已經試過在哺乳之前和之後瓶餵她，無論哪種方式，她都拒絕接受。

我從來沒有真的查明，為什麼這些家長會覺得，他們的寶寶需要額外補充奶水。很顯然地，寶寶也不明白。所以，請告訴我，寶寶還需要做哪些事情好讓大人們知道他不需要或不想要瓶餵？

小小孩，尤其是在他們剛出生的頭兩個月，他們是那麼的純真，以至於有時候會讓自己受騙而接受瓶餵，即使他們並不餓；但較大的嬰兒通常會竭盡全力抵抗——夠了就是夠了！

為什麼你的小孩對其他食物不感興趣？

　　一般而言，瓶餵的寶寶對固體食物（副食品）的接受度比哺乳寶寶好。這可能是因為人類的奶水中含有寶寶所需要的全部營養素及維生素，而配方奶沒有。

　　你驚訝嗎？每隔幾年，配方奶製造商就會對我們進行轟炸，宣傳強調一些剛添加到他們產品中的新成分，為的是讓產品變得「更像媽媽的奶水」。在短短的幾年間，我們已經看到了牛磺酸、核酸、長鏈多元不飽和脂肪酸、硒等等；在我們還是嬰兒時，我們所喝的配方奶根本不含這些成分。由於配方奶製造商不斷地進行研究，我們可以預期未來幾年還會有更多的添加物被加到配方奶中。而你每天製造的母乳，含有從現在起十年、五十年、五百年後的配方奶中的所有成分。

　　根據我們目前的知識，最明智的做法是在六個月大時開始提供其他食物。有些孩子會很開心地享用，並且可能確實需要它們。但

我們說的是「提供」而不是「填塞」，孩子可以自由選擇吃或不吃！許多哺乳寶寶在八到十個月大之前，有時候更久，不想和其他食物扯上關係。他們健康快樂，體重和身高正常，而且達到所有的發展里程碑；他們從乳房中獲得所需要的一切，也因此別無所求。

這對那些寶寶介於六到十二個月大的哺乳媽媽們造成許多焦慮。她們的孩子除了乳房之外，幾乎很少啄食物來吃（這裡一口香蕉、那裡一口麵包屑、還有那裡一條麵）。你總是能聽到一、兩句沒啥幫助的評論：「你家蘿拉還是不吃東西啊？哎呀！那你應該來看看我家的潔西卡，她好喜歡吃她的牛奶加麥片。」

別高興得太早！哺乳寶寶也許需要花更長的時間才能接受其他食物，但是當他們真的開始吃的時候，通常會跳過任何的商業嬰兒食品或過篩後的烹調食物，而且他們會十分投入媽媽的料理中。進入兩歲開始，哺乳的孩子通常會使用湯匙吃扁豆、香腸、馬鈴薯歐姆蛋以及火腿三明治，都是用湯匙舀得滿滿，吃得滿嘴都是，而且全靠他們自己的手。

其他人，例如：茱莉亞的兒子，則是往後退；他們接受嬰兒食

品一段時間，然後似乎改變了主意。

如果有個孩子，他從六個月大開始就都吃得很正常，現在十五個月大卻不想吃東西，你該怎麼辦？他唯一的想法就是要吃媽媽的奶。當他十個月大的時候，他只想要含著乳房睡覺，有一天在他滿一歲的時候，他開始拒絕食物，而現在他只想要哺乳。

應該要做些什麼嗎？什麼都不用做。如果你讓他好好地處於現狀，在幾個星期或幾個月後，這個寶寶會再次對其他的食物產生興趣。

相反地，如果你試圖強迫他吃其他的食物，或試著拒絕給他哺乳，毫無疑問，總有一天他還是會吃其他食物的（我向你保證，他不會在二十歲時仍然只吃媽媽的奶），但可能會花費更長的時間，而且對你們倆來說情況會更加艱難。

PART 7　瓶餵不需引起親子衝突

 瓶餵也應按著嬰兒的需求給予

有一段時間，當哺乳按照嬰兒需求哺餵的觀念開始流行，許多人將這樣的建議合理化為——「母奶非常容易消化，以至於母奶的胃排空時間也短得多」。他們相信，瓶餵配方奶的嬰兒需要按照時間表餵食以避免腸道的困難，因為配方奶比較難消化。

但事實是，沒有人知道這些腸道的困難到底是什麼。目前的建

議源於 1982 年歐洲小兒腸胃營養學會（ESPGAN），聲明上指出，奶瓶就跟乳房一樣，不論是時間及奶量，都應該按照嬰兒的需求給予 [18]。

有多少媽媽是因為寶寶「沒有增加足夠的體重」而被迫停止哺乳，結果卻發現，寶寶喝不完奶瓶裡的奶，且從乳房離乳後，他的體重甚至增加得更少了！

如果你的寶寶很輕鬆地就能喝完 120 毫升，那麼給他 150 毫升。但是如果他總是剩下 30 毫升，那就讓下一瓶奶是 90 毫升——你知道，配方奶不是免費的。如果他還不到三個小時就餓了，那麼就再給他一瓶奶。如果有一天，他睡了五個小時，那就隨他去吧，讓你自己小睡一下，因為這可不是每天都會發生的事。

 ## 為什麼孩子不將奶瓶裡的奶喝完？

我們的兒子兩個半月大了。他出生時的體重是 2.950 公斤，現在

是 5.840 公斤。在過去的兩週裡，他已經增加了 100 和 80 克。除了他喝不完奶瓶裡的奶以外，我沒有太擔心他的體重。他仍然一次只喝 120 毫升，如果我們幸運的話。

罗莎娜的擔憂值得進一步的說明。如果孩子能喝完奶瓶裡的奶，她就不會擔心他的體重。當我向媽媽解釋，孩子的體重是正常的時候，如同我聽過數百次的回答一樣，罗莎娜說，「我不希望他胖，我只希望他能多吃一點。」但是，怎麼可能多吃一點而不增加體重呢？除非這孩子身上有寄生蟲！

許多孩子無法喝完奶瓶裡的奶。配方奶罐子上針對某個年齡的建議量，或是醫師給的建議量，永遠都在偏高的那一側（必須是在偏高的那一側）。然而不是所有的孩子都需要相同的奶量。

如果專家的結論是，孩子需要 120 毫升到 160 毫升間的奶量，他們不會指導父母只給 120 毫升，因為這對幾乎所有的孩子來說是不夠的；他們也不會建議給平均值 140 毫升，因為這對一半的孩子

來說太少。比起剩下一些奶在奶瓶中，讓孩子餓了顯然是比較危險的，所以他們必須說至少 160 毫升。當然，這些計算是基於一般的情況及一般的孩子。

然而，如果有孩子需要更多，或者我們在計算中已經犯了錯誤該怎麼辦？是否應該在罐子上標示 165 毫升以防萬一？但由於配方奶的調製是每一杓匙配 30 毫升的水，要能精確地量到一半的量（15 毫升），對媽媽來說會很困難，因此取整數到 180 毫升。結果是沒有一個孩子餓著肚子，但是很多孩子會在他們的奶瓶中剩下一些奶。

如果沒有人告訴媽媽，孩子可能會喝不完奶瓶裡的奶，而且那是正常的，媽媽可能會試圖強迫孩子喝掉全部的 180 毫升；當她的孩子是那些只需要 120 毫升的孩子之一時，戰鬥就隨之而來了。

許多醫師認為，哺乳最大的好處之一是，你看不到寶寶還剩下多少奶。不如用鋁來製造奶瓶，好讓媽媽們看不到奶瓶是否空了，這是兒科的一個老笑話。

PART 8

敏感話題：
固體食物（副食品）

　　媽媽和孩子之間圍繞在哺乳或奶瓶上的掙扎可能很糟糕；但是幸好這掙扎不常出現；開始吃固體食物（副食品）是產生危險的新時機，必須非常謹慎地走這條路。

　　順帶一提，當提到「固體（Solids）」時，不僅僅是指用湯匙餵食的嬰兒食品。如同先前說明過的（請參閱第 135 頁「ESPGAN 的建議」，我們將會使用這個名稱代表除了母乳或配方奶以外的任何食物，無論是液體（如茶飲）或是固體（如餅乾）。

　　許多媽媽發現自己因為與嬰兒餵食相關的規定之多而感到不知

所措，有大的規定、小的規定、還有中的！她們從醫師和護理師那裡得到的建議，還有一些比頂尖專家提供的建議還要複雜更多倍及更詳細的建議，一些來自家人和朋友的意見，以及一些無稽之談，警告她們要避免「刺激性的食物」和「彼此相剋的食物」。

由於無法同時遵守所有的規定，媽媽經常會選擇拒絕一切，而去做任何使她自己開心的事情。這樣的風險是她可能會忽視真正重要的指示。為了避免這個問題，我將明確區分那些重要性已達成某些程度上共識的主題（結合國際規範為基礎，國際規範在第135頁第四章餵食指引中曾說明），以及那些看起來對我有幫助的建議，儘管其他人可能有他們自己的意見。

在修訂這本書時，我意識到我曾經納入太多的規則。回想起來，其中一些並不如我先前建議的那麼重要，那些是基於專家的意見，而不是基於任何科學研究，並且看起來從那之後專家們改變了主意。

固體食物的重點提示

牢記以下幾點非常重要，雖然不需要奉為教條：

1. 永遠不要強迫孩子吃東西。

2. 純母乳哺餵到六個月大（不用給嬰兒食品、果汁、水、茶飲等等）。

3. 從六個月大開始，提供（不帶強迫地）其他食物，並且都是在哺乳之後提供。非母乳哺餵的孩子，每日應至少給予 500 毫升的配方奶。

4. 一開始，不要一次提供太多新的食物，並且要從少量開始。

5. 提供含有麩質的食物時要謹慎（小麥、燕麥、大麥或黑麥）。

6. 在為寶寶烹調食物時，請充分瀝乾，以避免讓水分塞滿了寶寶。

7. 不用急著介入高致敏性的食物（特別是乳製品、蛋類、魚類、大豆、花生，以及其他家庭成員可能會過敏的任何食物）。

8. 食物中不要添加鹽或糖。

9. 持續哺餵母乳直到兩歲或兩歲以上。

有時候，你可以在嬰兒六個月大之前給他食物（但絕對不要在四個月大之前），例如，當媽媽必須工作時；或者，當孩子很明顯地在要求餵食時，像是試著抓取食物和放進他自己的嘴巴裡。

「提供」的意思是指，如果他想吃就吃，而如果他不想吃就不用吃。很多孩子在八到十個月大之前，除了乳房以外，不想吃任何東西，有時候時間更長。

在哺乳之後提供

固體食物（副食品）是在哺乳之後提供，而不是哺乳之前，當

然也不能取代哺乳。唯有如此，你才能確保孩子會喝下他所需要的奶水量。一般認為，六個月大到十二個月大之間的嬰兒，每天大約需要 500 毫升的奶水。當然，這是平均的量，很多孩子會喝得更多，也有其他孩子喝得少一些也無妨。

　　藉由一天喝兩瓶 250 毫升的奶，瓶餵的孩子可以很容易地喝到這個量。但是，期望哺乳的寶寶每十二個小時藉由哺乳喝下 250 毫升是不合理的；這樣做媽媽的乳房將會腫脹的很不舒服。對哺乳寶寶來說，一天哺乳五次，每次 100 毫升，或是一天哺乳七次，每次 70 毫升，這樣更為合理。當然你不知道（在你開始添加固體食物之前也不知道）寶寶喝了多少母乳；但是，如果你在提供固體食物（副食品）之前哺乳，你就可以放心他會得到他所需要的奶量。

提供固體食物（副食品）的幾個原則

・循序漸進：

在先前的版本中，我非常重視 AAP 自 1980 年以來的一些建議，

有關在開始吃新的食物時，要一樣接著一樣，之間至少間隔一週，以觀察是否有任何食物讓嬰兒感到不適。實際上，沒有科學研究顯示這是必要的、適當的、或是有益的，這只是看起來合乎邏輯及合理。

但是，當我們允許孩子進行實驗時，這條規則很容易轉變成一種執念：「今天早上我給了他一些香蕉，然後今天下午他自己抓了一些麵包吃，我該怎麼辦？他不該在不到一週的間隔就嘗試吃麵包！」我仍然不認為，在他六個月又一天大的時候，一次給他很多種不同的食物是個好主意，但我並不擔心他在同一天內嘗試兩種或三種新的食物。

· **麩質引入的時機：**

本書的第一版建議在八個月大時提供麩質，但即使在那時候，我有警告這是有爭議的，麩質確實在科學界引起了爭論。令人擔憂的是，在有遺傳傾向的人群中，麩質會引發非常嚴重的疾病：乳糜瀉（Celiac disease）。最近在斯堪的那維亞半島 [25,26] 進行的研究證實，哺餵母乳能降低乳糜瀉的風險，但主要的保護因素並不是以

前認為的較晚給予麩質所致，而是在孩子仍在哺餵母乳時，逐漸引入麩質。

以實際運作來說，這個意思是指在引入麩質以後，最好能繼續哺餵母乳至少一個月（而且越久越好），並且在開始給予麩質的頭一至兩個月，最好只提供少許的量。如果你打算讓孩子在七個月大或八個月大時離乳，那麼在給他們的最初的食物裡最好要含有麩質。

如果你決定餵母奶餵久一點，那麼晚一點再開始給麩質是不是更好？這點還不是很清楚，儘管在一些研究中顯示，七個月大以後才開始吃麩質與引起乳糜瀉的風險稍微增加有關，這就是為什麼 ESPGHAN 在 2008 年 [29] 時建議麩質的引入要在七個月大以前的原因。

那麼，你要如何只提供少量的麩質呢？如果要給寶寶市售的穀麥片，你可以準備無麩質的麥片（gluten-free cereal）然後加入半茶匙的含麩質的麥片（gluten-containing cereal）。繼續在嬰兒食品中添加半茶匙或一茶匙的麩質，維持一至兩個月，之後你可以增加含麩質的麥片量。

如果你是自己製作嬰兒食品，則可以讓寶寶的主菜是不含麩質的（例如，煮熟的米飯），但每天給他一小片麵包，或一些通心粉，但量不要多。一至兩個月後，你可以增加含麩質的麥片、麵包或義大利麵的份量。

請記住，比司吉和餅乾中確實含有麩質，因為它們通常是由小麥麵粉製成的。我記得，當我還是年輕的兒科醫師時，我們建議在九個月大時再引入麩質，當祖母們給寶寶一塊沾著水果泥的比司吉「好讓它更有營養」的時候，那時我們有多惱火。

我們抱怨道：「如果祖母們堅持給孩子吃比司吉，那我們告訴媽媽給小孩吃不含麩質的麥片有什麼意義？」嗯哼，事實證明，祖母們可能是對的，給六個月大的寶寶們那些非常少量的麩質，預防了他們其中的一些人得到乳糜瀉，一堂關於謙卑的新學習。

· 引起過敏的食物：

1982 年，ESPGAN 建議，不要在六個月大以前引入最會引起過敏的食物，此為一般準則。對於有家族過敏史的孩子，則是建議不

要在十二個月大以前引入。2000 年，AAP（美國小兒科醫學會 30）的建議更加積極：對於有家族過敏史的孩子，一歲以前不要給牛奶或其衍生物；兩歲以前不要給蛋類；三歲以前不要給魚類及水果乾。

然而，趨勢正在改變，上述建議是基於專家意見，和一些還沒有定論的研究，隨後的研究也沒有定論。根據已有的資料，ESPGAN[31] 及 AAP[32] 目前均認為，延遲引入某些食物對於過敏的風險幾乎沒有影響。

對於瓶餵配方奶的嬰兒，最好讓他們持續使用配方奶直到一歲，期間避免給他們優格、卡士達醬或牛奶。但請小心：「調整奶（Adapted Milk）＊與「用調整奶製成的產品」不同。如果你願意，可以用調整奶製成卡士達醬、冰淇淋、咖啡歐蕾或優格。因此，在一歲之前，請確保只給他們合適的調整奶，而不是含有調整奶的產品，一歲以後他們可以喝牛奶。

＊註：指奶水成分經過特別調整用以滿足或補充嬰兒生長發育營養需求之配方食品，即配方奶。

　　至於哺乳中的嬰兒，最好只給他們母奶直到一歲，並且不需要將牛奶混和到他們的嬰兒食品中（事實上那不是個好主意），哺乳中的嬰兒不會接受混有牛奶的麥片。首先讓他們親餵母乳，接著再吃麥片的原型（亦即用水調製而不是用牛奶調製的麥片），這樣兩者就會在嬰兒的胃中混和了（想當然爾，不需要搖晃孩子！）

　　給他一整份非配方奶、優格或是卡士達醬是一回事，讓他嘗試少量含有牛奶的食物（例如，一塊可樂餅或是義大利肉捲的餡料）又是另一回事。當一個瓶餵配方奶的嬰兒沒有發生任何問題時，我們就已經知道他對牛奶不會過敏，因此如果他吃到的其他食物含有少量牛奶也不要緊。

　　同樣地，哺乳中的嬰兒，如果在一歲前攝取到少量含有牛奶的其他食物，也不太可能是個問題。

　　但是，對於有過敏史的家庭，即使沒有研究足以支持下面這點，我仍然認為等到嬰兒一歲以後再給才是明智的做法，因為牛奶（包括奶瓶中的配方奶）是引起兒童過敏最常見的原因。

多年前，建議先給蛋黃，接著才給蛋白。這麼做是基於兩個原因：蛋白是最容易引起過敏的部分，以及蛋黃含有豐富的鐵質，因此看起來先給蛋黃是合理的。但是，新的科學證據已經反駁了這兩個論點。儘管蛋黃不會引起過敏，但即使是煮熟的水煮蛋，也不可能將蛋黃及蛋白完全分開，蛋黃總會含有一些蛋白，而可能在對雞蛋過敏的人身上引起嚴重的反應。另一方面，雖然蛋黃富含鐵質，但其中也含有抑制鐵質吸收的因子[2]，所以並不如過去人們以為的是鐵質的絕佳來源。結論就是，不值得花精力去嘗試將蛋白和蛋黃分開。

· 不建議添加糖和鹽

不給糖也不給鹽？不是的。如今成人攝取的糖和鹽已經太多了；嬰兒能不使用的時間越久越好。蜂蜜也不好，因為可能攜帶肉毒桿菌的孢子。在美國，建議不要給小於十二個月大的嬰兒吃蜂蜜、紅糖、糖蜜及米糖等全部的糖。

另外，在孩子的食物中添加糖和鹽通常是另一個讓他吃更多的詭計；如果你在他的水果或優格中加入足夠的糖，還有用鹽覆蓋在他的蔬菜上，他會全部吃光。我們已經說過，孩子們對甜的和鹹的

食物有本能上的偏好，但是在自然界中，你無法找到純的鹽或糖；現代技術將鹽或糖添加到食物中，使得食慾得以被操控，並且讓我們的孩子飲食過量。

這就是為什麼添加人工甜味劑到嬰兒食品中，就算不會引起蛀牙，也是不好的原因之一。請記住，問題不在於今天他可能攝取了幾茶匙的糖，而是如果他習慣了吃的每一樣東西都是甜的，他這一輩子將會吃下的糖。如果他習慣了吃甜味劑，問題也是相同的；幾年後，他將會用糖取代甜味劑。

請不要在嬰兒食品裡添加任何的鹽或糖，但他可以嘗試含有鹽或糖的食物。讓他嚼嚼麵包（含有鹽）或餅乾（含有糖），或是吃我們的食物是沒有問題的。

 有用（但不是那麼重要）的提示

下面是我根據我個人的喜好和為人父母的經驗所得出的個人意

見。但並非基於科學數據，每位讀者必須決定他們是否同意我的觀點。

一開始應該引介哪些食物？

那並不重要。如同我們之前所解釋的，沒有科學證據建議哪一種食物勝過另一種。如果你先給寶寶吃水果，接著是麥片，然後是雞肉，那麼你將完全遵守了 ESPGAN 的指引。但是如果你先給雞肉，接著給蔬菜，再來給麥片，那麼你也在指引之內。

· 食物的順序

讓我們假設你從米飯開始。煮一些米飯，稍微煮熟一點，然後不要加鹽。你可以加一滴橄欖油（味道會更好而且含有更多的卡路里）。在親餵她母乳之後，提供孩子一到兩湯匙的米飯，即使她很樂意吃它，第一天最好不要給她超過這個份量。如果她第一匙就拒絕吃，不用堅持，但試著每隔一到兩天再餵她看看；如果她想吃，你可以每天多給她一點。

　　幾天以後，試試另一個種類的食物，例如香蕉泥。之後，可以讓她嘗試煮過的馬鈴薯、雞肉等，順序只是用來舉例，如果你喜歡，也可以按相反的順序開始。當然，若是其中一種食物讓她拉肚子或有其他症狀，或是如果她強烈地拒絕，那麼最好再等個幾週。如果有觀察到更嚴重的反應，像是紅疹，請諮詢醫師。

· 種類的多寡

　　也沒有必要每週都引入新的食物。多年以來，我們已經被引導相信多樣化比較好（七種半的麥片、十三種巧克力、十五種咖啡等）；這僅僅是一種行銷策略。多樣化代表一些麥片、一些豆類、一些蔬菜、一些水果——但嬰兒是否從每一種食物類別中吃到很多東西並不重要。蘋果與梨子沒有什麼不同，大多數的成年人只吃兩種穀類食物——米和小麥，也活得相當好，其他的就讓牛去吃吧！

　　如果你的孩子已經吃過雞肉，你給他小牛肉並不會多添加什麼營養。一歲之前，介入許多不同種類的食物僅意味著購買了更多的過敏彩券。*

＊註：指遇到致敏性的食物機會增加。

· 鐵質的補充

在嬰兒六個大時（不要晚於六個月）給予其他食物最主要的原因是，有一些嬰兒需要額外的鐵質。因此，優先引入富含鐵質的食物看起來是合乎邏輯的。一方面，有些肉類含有高生物利用率的有機鐵。

另一方面，你手上的蔬菜類、豆類及麥片含有的是無機鐵。無機鐵除非與維生素 C 搭配食用，否則很難被吸收。這就是為什麼許多成人先吃沙拉（富含維生素 C）的原因，接著才是穀類和豆類，最後是甜點。

在西班牙，我們對嬰兒常做的事並不是一個好主意：在某一餐只給孩子穀類，下一餐只給蔬菜類，再下一餐是水果。當你的寶寶已經會吃幾種食物時，最好將這些食物結合在一起，並且在同一餐中提供（不是將食物磨碎在一起），以代替單調的菜單（只吃麥片）。

如果寶寶不想吃任何食物怎麼辦？

不要擔心；這是完全正常的。不要試圖強迫他。

可能會有人告訴你，在哺乳之前要先餵固體食物（副食品），這樣嬰兒才會餓到想要吃東西。這是沒有意義的，因為媽媽的奶水比任何其他的東西都還要營養。我們將固體食物稱之為「副食品」是有原因的，副食品充其量只是去補助乳房。如果寶寶在哺乳完拒絕吃水果，什麼事也不會發生；但如果他吃了水果而沒有哺乳的話，那麼他就錯失機會了。多吃水果以及少喝奶是讓體重減輕的食譜。

配方奶也是如此。請記住，如果你沒有哺乳，則必須給寶寶每天 500 毫升的配方奶直到一歲。為了讓嬰兒吃更多的固體食物（副食品）而不給奶是不好的。

如果只餵母乳，寶寶能獲得他需要的所有營養嗎？

有些寶寶在六個月大後會耗盡所有他們在出生時所儲存的鐵，

因此需要其他來源的鐵質。這也是寶寶的飲食要開始補充的原因之一，而有些其他寶寶直到十二個月大或更大時才需要補充鐵質。

許多寶寶直到八個月或十個月大，或到更大的時候，都只吃母乳。他們甚至不願意嘗試其他食物，並且會將任何你放在他們嘴裡的東西吓出來。那些寶寶會發展成鐵質缺乏嗎？我個人認為他們不會；如果他們拒絕吃東西，那是因為他們不需要。

但沒有科學研究來支持這個觀點。情況也可能恰恰相反：因鐵質缺乏而導致食慾不振，這解釋了為什麼寶寶不吃東西。有幾次，我看到八個月或十個月大的嬰兒，他們只想要吃母乳，體重沒有增加、也沒有減少；他們被發現有貧血的狀況，一旦給予鐵劑的補充之後，他們便開始吃東西並且體重也增加了。

因此，在給寶寶最初的固體食物（副食品）中，最好含有雞肉和肉類（指牛肉、豬肉這類紅肉，紅肉含有較多的鐵質），因為它們含有豐富的鐵質（嬰兒並不需要很大的量）。此外，不要另外單獨給水果，孩子應該像成人一樣，在餐後吃水果；以使水果中的維生素 C 幫助他們吸收蔬菜、豆類及麥片中的鐵質。

如果嬰兒拒絕吃東西，而且體重沒有增加，最好帶他去檢查，以確保他沒有鐵質缺乏或其他疾病。那麼，如果他的體重有增加但不吃任何固體食物（副食品）呢？這意味著他的食慾很好並且攝取了大量的母乳，在這種情況下，我認為他不會有鐵質缺乏的情形。但是，如果在幾個月以後，他仍然只吃母乳，醫師或家長對此感到擔心，帶他去檢查一下也無妨。

不需要把食物打成泥！

許多媽媽會諮詢醫師，因為她們兩歲或三歲的孩子只想吃打成泥的食物：

我的孩子五歲了，他不吃任何固體食物，而且一直拒絕咀嚼。我必須用湯匙餵他吃所有的食物，因為他也拒絕自己吃。

這其實不是什麼嚴重的問題，即使我們什麼都不做，這個孩子最終還是會正常地吃東西。還是你真的認為他在十五歲時還在吃打成泥的食物？但是這件事讓人痛苦而且看起來很糟糕。

　　如果你的寶寶從來沒有嚐過打成泥的食物，他就永遠不會習慣吃泥餐。鬆軟的食物像是馬鈴薯或煮過的胡蘿蔔、香蕉、煮過的米飯等，可以用叉子壓碎；梨子和蘋果可以磨碎；比較堅硬的食物，例如：雞肉，可以用刀子切成小塊狀，或是請肉販將雞肉磨碎（確認沒有添加其他東西），接著加少量的油脂烹調，你就會做出一些漂亮的迷你雞肉丸子。

　　在我們生活的這個殘酷時代，許多孩子必須經歷三次離乳，而不是一次。每一位心理學家都會告訴你，離乳是一個敏感的時期，而且可能會造成創傷。然而，許多孩子在兩個月大之前第一次離乳，離開乳房改用奶瓶；接著在大約六個月大時，再從奶瓶轉吃泥狀的食物；最後在大約兩歲或三歲時，從泥狀的食物轉吃正常的食物。從持續的鬥爭及哭泣來看，每一次的離乳都比前一次的離乳更糟糕：

　　我的兒子胡安，現在二十個月大，他在面對改變的時候總是有問題；他對於開始任何新的事情有困難。從奶瓶到湯匙的轉換過程很糟，從甜的到鹹的也是一樣，以此類推等等。

　　大約在一歲的時候，我們開始在他的嬰兒食品中加入比較大塊的食物，但是他只會把它們吥出來。因此直到今天，我們持續讓他吃糊狀的嬰兒食品。他的臼齒剛長出來，即使他吃通心粉、餅乾、馬鈴薯、穀麥片、熱狗等等可以吃得很好，他卻將整個情況當成一場遊戲，在兩餐之間只吃一點點。如果我們在用餐時間給他一盤切好的食物，他只會把食物拿起來亂丟。

　　為什麼不讓嬰兒只離乳一次就好？從乳房到正常食物，經由漸進式的過程，從六個月大開始，一路下來持續個幾年就可以結束？

　　順便說一句，這位媽媽已經不經意地提出了解決方案：當沒有被強迫進食的時候，她的兒子會吃些食物碎片「在兩餐之間、當作遊戲」。一旦你的孩子習慣了打成泥的食物，試圖強迫他吃其他食

物，或因為他只吃打成泥的食物而嘲笑他，可能只會使情況變得更糟。無論如何不要強迫他吃東西，不管是打成泥的食物或是一般的食物，漸漸地，他會一點一點地開始嘗試新事物。

不需要準備特殊的食物

只要稍作規劃，你就可以為寶寶做出跟你為家裡大人做的幾乎一模一樣的飯菜。烹煮時先不要添加香料或鹽，待取出寶寶的份量後再加入，例如：

白飯對寶寶來說是非常好的無麩質穀類食物。之後，你可以加入自製的番茄醬汁。番茄是一種與其他蔬菜一樣的蔬菜（不要使用市售的番茄醬，市售的番茄醬不適合嬰兒；自製的蕃茄醬只含有番茄及橄欖油是可以的）。

有各種各樣的穀麥類食物都含有麩質：麵包、麵條、粗磨的杜蘭小麥粉（semolina）、字母湯、通心粉、義大利麵等，剛開始，要給寶寶單純水煮不加醬料的；之後，可以用肉湯來煮，或者使用

番茄醬汁調味。請記住，寶寶的胃很小，所以給他喝湯不是一個好主意：字母湯可以瀝乾，像是小型的義大利麵一樣。

請確保你有閱讀包裝上的成分；便宜的義大利麵是「100％的杜蘭小麥」，但比較貴的麵條成分中含有雞蛋，最好避免提供給有過敏家族史的寶寶。相同地，一般的麵包只含有小麥，然而一些切片麵包或餅乾（視製造過程而定）也會含有糖、牛奶以及雞蛋。對小於一歲的嬰兒來說，簡單的食物總是比那些有添加成分的好。

如果你在網路上查詢「寶寶主導式離乳」（BLW），你會看到許多寶寶從六個月大起就與他們的父母吃相同的食物：義大利麵、番茄醬汁拌白飯、花椰菜以及扁豆，不再有泥狀食物。

 ## 當媽媽外出工作時

我很擔心，因為我那三個月大的兒子不接受奶瓶。我們已經嘗試過各式各樣的奶嘴以及不同的配方奶。醫師要我停止哺乳，這樣

他才能習慣奶瓶，但他在過去的三天都不吃東西，而且仍然不願意接受奶瓶。於是我恢復親餵母乳，但我的奶水不再充足，即使在餵完後，他看起來仍然很餓。我該怎麼做才能讓他使用奶瓶？我即將開始工作，而我必須在那之前讓他離乳。

在有關哺乳與工作的議題上，這位媽媽是兩個常見錯誤的受害者。

· 第一個錯誤：以為必須離乳

媽媽以為她必須在返回工作前讓嬰兒離乳，這是沒有必要的。在最壞的情況下，你可以進行混合哺餵：在上班前和下班後哺乳，你不在的時候餵配方奶。當因為工作而必須分離的時候，所有的孩子（和所有的媽媽）都會很難受，哺乳是彌補分離及重新建立連結的好方法。

許多媽媽找到了比餵配方奶更令人滿意的解決方法：有些人帶寶寶去上班，另一些人進行職務分擔，有些人讓孩子在午餐時間被帶到她們身邊，另一些人將奶水擠出並儲存起來。更好的是，如果

你的寶寶夠大到能吃副食品，請照顧者在你不在的時候餵他吃副食品（一般的原則是先哺乳再吃副食品，這裡例外）。

當你去上班（或遛狗）時，寶寶不會知道你在哪裡或是你會離開多久，他會非常害怕、會哭泣，就好像你永遠離開他了一樣。還需要好幾年的時間，你的寶寶才能在與你分離的時候不會哭，以及了解「媽咪會馬上回來」的意思。任何時候當你回來時，你抱抱他、親餵他，然後寶寶會想：「吁，又是一次假警報！」但是，如果你在重回職場時又同時突然讓他離乳，然後當你下班回家，寶寶想要你餵他吃奶，而你拒絕了，那時候寶寶會怎麼想呢？「當然了，媽媽會遺棄我，就是因為她不愛我了。」這是一個糟糕的離乳時機。

· 第二個錯誤：以為必須讓寶寶先習慣使用奶瓶

在你重回職場後，如果寶寶會需要使用奶瓶（或是吃副食品，也是一樣），那麼必須先讓他習慣？如果你打算讓他習慣奶瓶，你唯一會完成的事情就是自找麻煩：你本來可以達成四個月的純母乳哺育，而現在只有三個月。但在這裡與此相關的還有，正如我們在前面的例子中所看到的，寶寶多次拒絕奶瓶，即便是媽媽嘗試將擠

出的奶水放入奶瓶中餵他，許多寶寶還是拒絕了。

原因是寶寶並不是傻瓜。當媽媽不在家，阿嬤拿著奶瓶過來（或者是帶著一個杯子會更好，以避免引起乳頭混淆），有可能會發生兩件事。

· 第一件，如果寶寶不是非常餓，他可能什麼都不喝，然後等媽媽回來後用親餵補足。許多嬰兒會在媽媽不在身邊時，花上大部分的時間睡覺，然後整夜都在吸奶。當媽媽和孩子同床時，這樣的安排還蠻可以接受的，而且許多媽媽發現，這是一種在長時間工作後，用來與孩子維持連結很好的方式。

· 另一件可能是，如果寶寶餓了（尤其當奶瓶中裝的是母奶），他可能會喝，同時內心可能在想：「好吧！媽媽不在這裡，所以必須這樣做。」

但是，如果媽媽在家，嬰兒可以看到她並且聞到乳房的味道，他怎麼會接受杯子或奶瓶呢？他一定認為：「我的媽媽一定是瘋了，她的乳房就在那裡，然後她想給我這個奇怪的玩意兒？」難怪他會

堅持，「要麼乳房，要麼什麼都不要！」

 ## 圍繞著固體食物（副食品）的迷思

🍴 迷思1：嬰兒食品比純的母乳更有營養？

　　這是一個非常普遍的誤解，即使我們已經提過，看起來還是有必要重申。許多媽媽被告知，「你的奶水不再營養」或「你的奶是水」。這些話聽起來像是侮辱，就像稱呼某人是「無腦」或「殘酷無情」一樣。糟糕的是，真的有人相信。拜託！讓我們清醒一點！沒有婦女的奶水是水，就像沒有會飛的大象一樣！

　　讓我們看一個真實的情況：

　　我的女兒六個月大。這段時間，她一直是持續親餵母乳的。但是，我按照醫師的建議，在她四個月大時開始提供固體食物（水果和麥片）。

直到四個月大前，我的寶貝長得好極了，體重是 6.3 公斤，身長是 63 公分。但她上一次看醫師時，體重只有 6.98 公斤，身長是 66 公分。醫師說我得讓她從乳房離乳，並按照以下的時間表餵她：早上 9 點給麥片、下午 1 點給蔬菜，下午 5 點給水果，到了晚上 9 點半給麥片。

這個情況有什麼奇怪的地方嗎？答案不是體重，那樣的體重在四個月大時是正常的，就算在六個月大時也仍然是正常。她在這段期間所增加的體重量也是正常的。奇怪的地方是（或應該是）醫師的診斷，更奇怪的是建議的治療方法。

如果醫師是對的，假如寶寶真的體重增加不足，而且是因為營養不良引起的，那麼邏輯上的推理應該是這樣的：她在體重增加良好的那時候，吃的是什麼？純母乳哺餵。她的體重不再增加良好的時候，吃的是什麼？母乳和固體食物（副食品）。結論：趕快移除固體食物（副食品）！但相反地，卻是選擇全力以赴地從乳房離乳，甚至不是換成奶瓶餵養。

這個寶寶六個月大，一天只吃四次，其中一次只吃水果，另一次只吃蔬菜。儘管我們現在知道嬰兒需要的熱量不像以前所認為的那麼多，但這種飲食甚至無法涵蓋最低的要求。幸運地，這位媽媽換了醫師，而第二位醫師給了她另一種飲食建議，雖然不夠完美到足以恢復全母乳，但至少可以讓這個孩子活下來（用一瓶配方奶取代那一餐的蔬菜，以及每餐之後都要哺乳）。

作為一個堅決捍衛母乳哺育的人（你有看出來嗎？），我很想說這個孩子的體重增加緩慢是因為太早介入固體食物（副食品）的緣故。但事實並非如此。她的體重增加緩慢，不是因為她吃的是什麼或是她不吃什麼，而是因為她的年齡。就算她全部的時間都是純母乳哺餵，她的體重增加情形還是會一樣；就算她爸媽餵她吃豬肉和豆子，還有巧克力蛋糕當甜點，她的體重增加情形也還是會一樣（或者可能更少，因為她可能不接受那些食物）。

所有的孩子，當他們在只有哺乳（或瓶餵）的頭三個月所增加的體重都比接下來的第二個月多（即四到六個月大）。從六個月到九個月大，他們開始吃一點固體食物（副食品），但增加的體重甚至更少；從九個月到一歲，他們吃的固體食物（副食品）更多，體

重卻幾乎一點也沒有增加，上述的情況，所有的醫師都已經看過成百上千次了。然而，許多人似乎仍然堅信，固體食物（副食品）比起奶水更能讓嬰兒長胖。我很納悶這種信念是從哪兒來的。

正如我們前面提到的，含有肉類及蔬菜的嬰兒食品，通常所含的熱量比奶水少，更不用提單純只有蔬菜或水果的嬰兒食品了。當然，某些固體食物（副食品），如穀麥片類確實含有比較多的熱量，但是蛋白質呢？還有那些蛋白質的品質呢？維生素、礦物質、必需脂肪酸以及其他營養素呢？你會說麵粉比奶水更有營養嗎？

人類的飲食必須滿足各種需求。唯一能夠滿足人體所有需求的食物，全靠這個食物本身的，至少在我們生命中的一部分，就是母乳。

一個新生兒在六個月大或更多個月大之前，只喝母乳就可以獲得良好的滋養。但是，沒有人能在嬰兒期或生命的其他階段靠著只吃肉類，只吃麵包或是只吃橘子就能有良好的營養。不是說肉類、麵包和橘子沒有營養，而是它們需要其他食物來補足，是補足，而不是取代。

當然，我們不能終其一生都只喝母乳，而且在某些時候，母乳需要其他食物來相輔相成。但請不要被誤導，我們無法終其一生都喝母乳的主要原因是因為沒有人願意給我們。

儘管也許並不完美，但對任何年齡來說，比起任何其他已知的食物，媽媽的奶水是最接近完美食物的東西。一個漂流到荒島上的人，比起只有麵包、只有蘋果、只有鷹嘴豆，或只有肉類的情況，如果他只有母乳，可以生存得更久。

如果有一些無知的傻瓜對你說，「讓他從乳房離乳，你的奶水已經沒有有足夠的蛋白質了」，你可以回答他們，「那麼，我也必須拿走水果和蔬菜，因為它們的蛋白質甚至更少。」如果有人說你的母乳是水，你可以回答：當然，這就是為什麼我要給他喝，它是純淨的水，不像自來水含有那麼多的氯。」不過想一想，或許你最好什麼也不要說；有些傻瓜沒有那麼多的幽默感。

迷思2：睡前好好餵一餐固體食物（副食品），他將能睡整夜？

呃，不會。許多孩子就算兩、三歲了，仍繼續每晚醒來，即便他們在晚餐時吃了馬鈴薯、蛋或豆子加上香腸。

孩子不會在他們吃了更多固體食物（副食品）的時候就睡得更多[33]，這件事已經被證明。在他們出生後的頭幾年，孩子在晚上醒來不只是因為他們需要進食，同時也是因為他們需要我們。幸運地，哺乳讓我們可以同時滿足這兩個需求，而且孩子能很快地重新入睡，以至於有一些父母稱乳房為「麻醉藥」。

迷思3：六個月大後的嬰兒應該喝「較大嬰兒奶配方」？

較大嬰兒奶粉（Follow-on milk，在一些國家也被稱為 follow-up milks）＊是一項商業發明，並沒有實際的用處。在美國，美國小兒

───────

＊註：我國稱 follow on / up formula 為較大嬰兒配方。

科醫學會建議，給非母乳哺餵的嬰兒在出生後的頭一年餵食相同的配方奶。WHO 也認為較大嬰兒配方是不必要的。

那麼為什麼要發明這些嬰兒配方呢？有一個非常簡單的解釋。許多國家（包括西班牙）的法律禁止六個月以下嬰兒配方的廣告。但不幸地，大多數的國家並沒有禁止較大嬰兒配方（針對六個月大以上嬰兒）的廣告。對於配方奶的製造商來說，最理想的作法就是使用相同名稱的兩種配方奶，僅利用數字上小小的差別做區分。會有人天真到相信「壞牛奶 2 號」的宣傳不會增加「壞牛奶 1 號」的銷售？*

根據 ESPGAN，較大嬰兒配方的主要優勢在於，比較便宜。由於專為滿足幼小嬰兒需求所設計的配方奶價格昂貴，低收入的媽媽可能傾向給一歲以前的嬰兒喝一般的牛奶，那可不是個好選擇。反而，較大嬰兒配方，因為不需要符合幼小嬰兒的需求，比較便宜，可能對某些家庭來說會有幫助。

＊註：作者幽默的用壞牛奶（Badmilk）做商品名稱，並模仿坊間針對不同年齡階段的嬰幼兒配方用 1 號、2 號來區別。

成分不是調整得那麼符合需求？當然。牛奶有過多的蛋白質，是母乳中蛋白質的三倍以上。這是它最大的危險之一：嬰兒無法代謝這麼大量的蛋白質，因此可能會病得很重。製作配方奶包括幾個步驟，其中之一就是去除牛奶中大部分的蛋白質，這並不容易。如果不需要去除那麼多的蛋白質，製造就變得容易多了，因此會比較便宜。ESPGAN 似乎認為價格差異很重要，但至少在西班牙，對消費者來說，價格差異可以忽略。

並不是說較大嬰兒配方對年齡較大的嬰兒來說比較好。事實上它們比新生兒配方還糟糕，因為其成分調整得更少，只是年齡較大的嬰兒比較能夠代謝及接受。很自然地，嬰兒食品產業試圖將較高的蛋白質含量用在宣傳裡，因此推銷較大嬰兒配方的廣告會說，「富含蛋白質以符合您寶寶的成長需求。」

那真是愚蠢極了！實際上，蛋白質的需求隨著孩子的成長會減少 10，從出生時每天每公斤體重 2 克的需求，到六個月至九個月大時的 0.89 克，再到九個月至十二個月大時的 0.82 克。一個體重 8 公斤的嬰兒，一天需要 7.12 公克的蛋白質。他可以藉由每天喝 790 毫升的母奶（完全合理的攝取量）或是 550 毫升的新生兒配方（為

彌補它較差的品質，其蛋白質含量都會比母乳多一點）來獲得。

同一個嬰兒喝了 500 毫升的較大嬰兒配方，將會得到 11 公克的蛋白質，遠遠超過他的身體需要，而這還沒有將他可能會攝取到的麥片或雞肉裡的蛋白質算進去。

不要被廣告宣傳給騙了。較大嬰兒配方中那些過量的蛋白質，對你的孩子沒有任何好處；它們僅僅是工業廢棄物罷了。

哺乳的孩子應該繼續哺乳。美國小兒科醫學會建議，嬰兒至少在第一年的時候要喝母乳，之後「只要雙方願意」想哺乳多久就哺乳多久。世界衛生組織及聯合國兒童基金會建議母乳哺餵至「兩歲或兩歲以上」[34]。

自然地，如果因為任何理由你想要在一歲以前替孩子離乳，那麼你勢必得給他其他的奶水，不管是新生兒配方或是較大嬰兒配方。決定權在你，不要讓其他人幫你做選擇。從來沒有瓶餵配方奶的媽媽會被告知說：「這種牛奶已經不再有營養了，從現在開始，你只能給他母乳，或者使用母乳來泡他的麥片。」人們可以理解，當一

位媽媽決定採取奶瓶餵養，她將有好幾年會這麼做。哺乳的媽媽也應該得到同樣的尊重。

迷思 4：如果不吃肉，寶寶將無法獲得足夠的蛋白質？

我們剛剛解釋過了：即使嬰兒只喝奶，他仍然會有足夠的蛋白質。吃穀麥片和豆類會增加更多的蛋白質。儘管如此，一些媽媽還是會被奇怪的論點嚇到：

我是一個以素食為主的媽媽，儘管我偶爾會吃一些魚。我想以同樣的方式撫養我的女兒。那些不同意我的人會爭論說肉類是建構肌肉組織所必需的食物等等。

前幾天，我在動物園裡看到了一隻犀牛。有人告訴我犀牛從不吃任何肉類，牠看起來有很多強壯的肌肉組織。當然，我沒有靠得很近；或許一旦你靠近到足以碰觸牠的時候，你就會發現牠整隻都是鬆軟無力的（玩笑）。

PART 9

醫療保健人員
可以給予的協助

「我的小孩不吃東西」是醫生最常聽到的抱怨之一 [35]。醫療專業人員處在一個絕佳的位置，能幫忙預防嬰兒的餵食問題，或是在嬰兒餵食問題成為家庭衝突和痛苦的來源之前，協助爸媽在一開始的階段就避開來。

但是，有時候我們的建議，甚至是一時的評論，都可能引起或是加劇問題。在我們的工作裡有兩項操作更是特別敏感：體重測量和固體食物（副食品）的介入。

體重測量衍生的問題

　　我有一個三個月大的寶貝女兒，出生時的體重是 3 公斤。從她出生後的第一天，我就親餵她母乳，她的體重增加情形一直很好，直到一個月前，那時候她的體重在兩週內只增加了 40 克。

　　醫生說我的母奶已經不夠了！我應該要在每邊乳房各餵 5 分鐘後，再補她 60 毫升的配方奶。這正是問題的開始！因為我的女兒不接受奶瓶。我試著不強迫她，在她拒絕奶瓶的時候不理會她，然後下一餐的時候再一樣堅持瓶餵。她從來就不想要用奶瓶喝奶。我們已經嘗試了各種不同品牌的配方奶，不同的奶嘴，甚至在配方奶裡加了糖，沒有一樣成功！在接下來的一週，我女兒增加了 260 公克，所以醫生同意讓我只要親餵她就好，因為她已經恢復正常。但是上週她只增加了 20 克，所以他要我一餐親餵，然後下一餐瓶餵。

　　但是寶寶仍然拒絕！我做的事只有讓她不開心和讓她一直哭個不停。我也曾試過每餐都改用瓶餵，好讓她知道不會再有親餵了，希望她最終可能會接受，但還是失敗了。她寧願不吃東西，哭了好一會兒之後就哭到睡著了。

　　我好絕望，不知道該怎麼辦！我也試過將自己的母奶放入奶瓶

中，那樣做確實奏效！在那之後，我企圖將我的母奶與配方奶混合，但她拒絕了。為了要讓她吃，我會試著在親餵她的時候，滴一些配方奶在她的嘴角，但那樣做的結果是她只喝到大量的空氣和少量的配方奶。

體重測量的時間間隔太短

在短短的一個月內，原本快樂且輕鬆的母職變成一場噩夢。診斷的過程是錯誤的，用來評估體重增加的時間間隔太短了，而且用來比較的參考數字也不適當，治療的方式更是不必要且不正確的。如果嬰兒是純親餵的寶寶，那麼答案不是增加瓶餵，而是增加親餵。

生長本身的變化性、測量時的誤差、從上次餵食到測量時之間的變化（如排尿或排便），使得每週測量體重這件事完全沒有參考價值。這在上面的例子很明顯地可以看到，這個寶寶在沒有改變飲食（因她不接受瓶餵）的情況下，體重的增加可以是 20 公克或是 260 公克。正如弗門（Fomon）[2] 所說：出生六個月內的嬰兒，「體重在間隔不到一個月的增加情形，在判讀上必須謹慎」。七個月大

到一歲，體重增加的情況每兩個月評估一次即可。

標準體重圖表（standard weight chart）和生長速度表（growth velocity chart）不是同一件事。體重圖表監測的是寶寶在某一個時間點的體重，而不是一段時間內體重增加的情形。當生長速度看起來異常地快或異常地慢的時候，你應該參考的是寶寶的生長曲線表。WHO 除了有兒童生長的標準值，也有列出一、二、三、四和六個月大的體重生長速度表。這些數據是根據攝取正常營養（即母乳）的正常兒童的生長情形。在出生後的頭兩個月，WHO 的生長圖表根據出生體重，分成每週或每兩週的記錄。所有生長曲線圖表請參閱 www.who.int/childgrowth/standards/en.。

在兩個月到三個月大的四週中，這個寶寶總共增加了 320 公克，高於尼爾森圖表（Nelson's Charts）的第 5 個百分位（28 天內長了 260 公克），並且高於 WHO 圖表上的負兩個標準差（一個月內為 280 公克）。因此，這樣的體重增加是完全正常的。請記住，生長曲線圖表中的負兩個標準差與實際體重的負兩個標準差是不同的。在這個案例，負兩個標準差相對應的體重在兩個月大時是 3.800 公斤，在三個月大時是 4.380 公斤，增加了 570 公克。在計算時使用

標準體重表（顯示達到的體重）而不是生長速度表（顯示體重的增加）會產生極大的誤差。

另外，正如弗門所補充的，在營養不良盛行率低的人口中，大多數的嬰兒在某段時間內的體重增加低於 5 個百分位是正常的（顯然地，有 5% 的嬰兒其體重的增加將會是在第 5 個百分位以下）。

如果當初用來測量體重的時間間隔長一點，並且將過度的治療熱情用謹慎觀察來取代，這位媽媽和寶寶那時可以過得更好。此外，這個寶寶堅定地拒絕奶瓶證明了她並不餓（儘管相反的情況並非總是如此，許多兩、三個月以下的嬰兒即使不餓仍會接受奶瓶）。為了讓孩子接受奶瓶而要她離開乳房是徒勞無功的嘗試，她不會離開乳房也不會接受奶瓶，甚至還會吃得比在給這個愚蠢的建議之前還少。

在赫米尼亞的兒子這個案例裡，我們再次看到了使用適當參考值的重要性：

我兒子現在十個月大了，他出生時是 3.950 公斤。他一直是我親餵母乳而且長得很好，直到大約兩個月前，他的生長掉到平均值以下。

有兩位不同的醫生建議我補充配方奶，因為我的母奶不再能夠滋養他了！但是我的寶寶拒絕了，他甚至連聞不想聞！我擔心他永遠不會接受配方奶，那樣的話，他的體重不僅不會增加，而且還可能開始減輕。我覺得這個情況糟透了，尤其我還想再繼續哺乳至少一年半。

我的寶寶在六個月大時的體重是 8.170 公斤，但是在九個月大時只有 8.950 公斤，然後十個月大時是 9.260 公斤，身長是 76 公分。

使用適當參考值的重要性

赫米尼亞的兒子在八到十個月大之間的體重增加了 410 克。我們參考了生長速度表中每兩個月的體重增加量：在八到十個月大這兩個月的體重增加量平均是 544 克，第 3 個百分位則是 60 克，這 60 克是兩個月加起來一起算的喔！他的體重增加情形不僅是在正常

範圍裡，要說有多高的話，甚至超過了第 25 個百分位（360 公克）。這個孩子完全拒絕從奶瓶吃奶，證明了他的體重增加情形並不是因為沒有吃到足夠的奶水。

在任何給定的月齡，體重的增加量是屬於第 10 個百分位或第 3 個百分位，或甚至更低，都是很正常的。從第 1 個百分位到第 1 百個百分位，所有的百分位都是正常的，因為這些圖表和標準完全都是根據健康的兒童身上得來的數據精心製作而成。但是體重增加量僅在第 3 個百分位上的那個月通常是個例外，不一致的情況可能是和病毒感染、腹瀉、與媽媽分離有關，或是在某種本身就不穩定情況下的一種極端變化。

在這些情況下，嬰兒會自然地在下個月增加比較多的體重。這就是為什麼會有各種時間間隔長度不同的圖表，選用最合適的圖表是必要的。讓我們看一下 WHO 圖表中的一個例子：

女孩，「一個月間隔」的成長，第 3 個百分位：

- ·3～4 個月大→ 214 公克
- ·4～5 個月大→ 130 公克
- ·5～6 個月大→ 52 公克
- ·6～7 個月大→ -4 公克

這是在說一個健康的女嬰從三個月大到七個月大之間只能增加 214 + 130 + 52 – 4 = 392 公克嗎？不是的，因為一個健康的孩子可能會在某一個月裡的體重增加量屬於「最低限度」的量，但並不是連續好幾個月都是如此。

現在讓我們來看看另一個圖表：

女孩，「二個月間隔」的成長，第 3 個百分位：

- ·3～5 個月大→ 556 公克
- ·5～7 個月大→ 267 公克

總量是 823 公克，是上面那四個的一個月間隔加總起來的兩倍

之多。但那還不是最多的：

女孩，「四個月間隔」的成長，第 3 個百分位：

· 3 ～ 7 個月大 → 1071 公克

　　這就是為什麼整體的評估是必要的！需要看整個時期的增長，而不是只看每個月的增長。將身高納入考慮也很重要，對矮小孩子來說的正常體重，對個子高一點的孩子來說可能太少了！

 ## 開始固體食物（副食品）的問題

　　我的醫生已經建議我要開始每天餵我的寶寶兩次無麩質的麥片。問題是我兒子（四個半月大）不想和這件事有任何的關係，但醫生告訴我必須讓他接受。這實在令人非常沮喪，而且看他那麼難受的樣子，我都心碎了。從出生開始，他從來就不是那種會吃很多的孩子，很多時候在乳房上吃個幾分鐘他就滿足了，而且他從來沒有接受過奶瓶。

儘管最新的建議是在六個月大以後再開始給予固體食物（副食品），而不是四個月大[20]，但在這個案例中，引起衝突的不是副食品引入的時機，而是強迫孩子吃東西的建議。請記住，食物的介入應該是根據寶寶想吃東西的暗示行為，從少量開始並且緩慢的增加。

特蕾莎的案例更具戲劇性：

六個半月大時，我們開始嘗試給他吃水果，但情況比吃麥片還糟糕，他從一開始就拒絕了，只要一看見湯匙，就會轉過頭去並且把嘴巴閉上。如果我逮到機會，就會設法把食物放進他的嘴裡，他會呸出來！所以我只好繼續親餵他母乳。

當我進到診間陪他做七個月大的健康檢查時，醫生對著我大驚小怪並且告訴我，我必須對我兒子保持堅定的立場，如果他拒絕吃他的麥片或是水果，就算他哭了、餓了，我也不應該給他乳房，而是應該在他的下一餐之前只給他喝水。雖然寶寶長得很好，但醫生說我應該要多做一些事，好讓他願意吃東西。醫生的解釋是，我兒子現在已經進入更有活力的階段，他需要更多來自麥片的熱量和碳水化合物，還有來自水果中的維生素和礦物質。

特蕾莎的兒子在七個月大時的身高是 72.5 公分，體重是 9 公斤。根據 WHO 的圖表，他的身高遠高於第 85 個百分位，體重的話，比起偏向第 50 個百分位，更加貼近第 85 個百分位，體重／身高的比值正好在平均值上。根據這些數字，儘管特蕾莎並沒有告訴我們關於孩子過去幾個月體重增加的情形，但是不太可能會有任何問題。

事實上，孩子拒絕吃東西就是他不餓的最佳證明。更不用提那個不合邏輯的建議：因為有更高的能量需求，使用水代替奶水！水並不會增加任何熱量啊！補充副食品並不意味著要取代母乳，僅代表補充和相輔相成。此外，正如我們前面提過的，嬰兒在出生後的第一年，每增加 1 公斤體重所需的能量，不是遞增而是遞減。

 ## 隨意評論產生的問題

「話」一旦說出口，就無法再收回了。本書中許多媽媽的案例已經告訴我們，即使是隨意的評論也可能引起煩惱。

健康照護專業人員在他們的表達上必須禁止，像是「幾乎不在曲線上」或「長得慢」和「長得不好」這些用語，不管是符合生長遲滯（failure to thrive）定義的孩子（六個月以下的寶寶，至少有連續兩個月的體重增加在 -2 個標準差以下，或是三個月以上的寶寶，需至少連續三個月。並且身高／體重的比值低於第 5 個百分位），或是不符合生長遲滯定義的孩子。當然，在一些介於臨界標準的孩子，仔細觀察體重是明智的，還有也許要建議媽媽更頻繁地哺餵，但這些都可以在不給孩子貼上標籤或是讓家長擔心的情況下完成。

醫生們也可以用比較輕鬆的方式提出建議。比較下面這些句子：

- 「從 x 個月大開始，給寶寶吃雞肉。」
- 「從 x 個月大開始，你可以開始給些雞肉試試。」
- 「傍晚的時候，給 180 毫升的蔬菜泥。」
- 「在你方便的時候，可以給一些蔬菜。如果寶寶吃得很開心，就再多給一些。」

嚴格地建議給予的量、時間表、食物引入的順序和其他細節，都不是基於科學 [2,18]，但可能會與嬰兒的需求、媽媽的意見、她家人的習慣，還有來自其他專業人士的建議相互衝突。

最後，當媽媽離開健康照護者的辦公室時，可能會帶著他對她「大驚小怪」的感受，這點至少讓人有點不安。

 ## 把體重計移開：體重不是唯一的健康指標

健康寶寶的檢查通常遵照著某種流程。媽媽會在幫寶寶脫衣服時，一邊談到寶寶的近況，接著兒科醫生就進行他的檢查程序。最後在他幫寶寶秤體重和測量時，那時候，只有在那時候，媽媽才會開口問：「醫生，他還好嗎？」

這會讓孩子的體重看起來是衡量孩子健康狀況唯一重要的指標。

但真正重要的是媽媽所說的話，她才是每天看到孩子的人。以重要性來說，其次才是檢查，檢查能讓醫生確認寶寶的身體健康和發育狀況；但最不重要的是體重，體重很少能提供我們尚未懷疑的資訊。如果一個孩子真的營養不良或是肥胖，你用肉眼就可以看得出來。測量體重的主要用處是單純地獲得一個參考值，如果以後寶

寶生病了，就可以準確地知道他的體重減輕了多少。

健康保健人員是否可以做些什麼來改變體重計在諮詢診間的位置呢？或許，與其等著在給孩子秤完體重後說「沒事」，我們可以先從重申媽媽的話開始：

「根據你剛剛說的那些評估起來，你的孩子很健康而且發育正常。」

然後，在檢查的時候，我們可以繼續解釋，「她的眼睛在追蹤物體移動的方面表現良好。她的肺部聽起來很正常。」

最後，「您的孩子非常健康和強壯。現在，為了滿足我們的好奇心，我們來看看她有多重吧！」

第四篇

常見的問題

Q: 如果寶寶真的不吃怎麼辦？

當然，會有不吃東西的孩子，那指的是，他們吃的東西比他們身體需要的少。「不（沒有）吃東西」的孩子與「不（拒）吃東西」的孩子之間的區別是，第一種孩子的體重會減少，而第二種孩子不會（原文作者都用 a child who does not eat 表示）。

孩子真的不吃東西的背後原因有很多，有些和大人停止進食的理由相似，譬如：得了重感冒、流感、腹瀉、喉嚨痛等，更不用說還有一些更加嚴重的疾病。

如果孩子是因為罹患了肺結核而不吃東西，給他塞滿食物，他也不會因此就好起來。當他的病得到適當的治療時，他就會好起來；一旦他好了，他就會開始自己吃東西。

所以同一個通則仍然適用：不要強迫你的孩子吃東西！如果他是健康的，那他已經吃了他所需要的；如果他生病了，頻繁地提供他最喜歡的食物給他，但不要強迫他吃，否則最後他會吐出來。

　　如果他的體重減輕了，請帶他去看醫生：

　　我的女兒克莉絲汀娜現在七個半月大，我以純母乳親餵她到六個月大，之後開始給副食品，我不會強迫她吃。醫生告訴我，她已經停止生長，我必須讓她離乳，這樣她才會吃東西。在過去的兩個月，她每隔一個半小時就要我親餵她母乳。

　　克莉絲汀娜在五到八個月大之間的體重沒有增加。媽媽瑪麗莎帶她去看了幾個醫生，醫生們都同意問題出在這個孩子被頻繁的哺乳給「寵壞了」。離乳是唯一能讓她吃東西的選擇。克莉絲汀娜在八、九個月大時，她的體重不僅沒有增加反而還減輕了，所以瑪麗莎帶她到一家優良醫院的急診室。結果診斷出囊性纖維化（Cystic Fibrosis），一種嚴重的遺傳性疾病。這是一個極端的例子，但很不幸的並不罕見。

　　一個純母乳哺餵的寶寶在體重沒有增加時，竟然沒有人覺得擔心、沒有人安排任何檢查、沒有人費心去找出可能的問題所在，而媽媽只是被簡單地告知要離乳。然後，當寶寶在瓶餵以後體重還是沒有增長時，醫生們才真的開始擔心並且發現這個孩子確實是生病

了。令人難過的是，有些媽媽發現自己必須說謊和隱藏仍在餵母奶的事實，以便孩子能獲得必要的醫療關注！

有趣的是，除了媽媽的母奶，克莉絲汀娜唯一願意吃的食物是雞肉（幸好，這位媽媽沒有遵照那個愚蠢的建議離乳！）。我相信這正好顯示出，孩子們確實知道他們的身體需要什麼；囊性纖維化的患者會流失蛋白質，而克莉絲汀娜正在尋找富含蛋白質的食物。

有些孩子是因為心理因素而拒絕吃東西。我曾經見過一位剛滿一歲的小女孩，她在媽媽重回職場後開始不吃東西，並且體重很快就減輕了。

孩子的兩位奶奶，其中一位經常來陪她玩，但是基於種種原因，媽媽選了另一位奶奶作為保姆，一位孩子幾乎不認識的女士。寶寶發現自己突然被媽媽「拋棄」，然後還被交到一個完全陌生的人手上（我知道那位媽媽並沒有拋棄她，但是寶寶並不知道，也無從知道。在最初的頭幾年，當媽媽和她們的寶寶分開，即使只有幾個小時，孩子們會表現得好像媽媽永遠消失了一樣）。

Q: 必須離乳才能讓寶寶吃東西嗎？

我的女兒在七個半月前出生，從那之後她再也沒有離開過乳房。每一餐，我會準備好嬰兒食品，但是她會轉過頭去，也不會為了任何食物張開嘴。我該怎麼辦？為了讓她吃東西，我該聽從一些人的建議，讓她完全離乳嗎？

和瑪麗莎（請參見第 258 ～ 260 頁）一樣，許多媽媽被告知，離乳會讓她們的寶寶開始吃食物。可以像瓶餵的寶寶那樣吃得很好！

我是一位絕望的媽媽。我那十個月大的女兒只想從她的奶瓶裡喝東西，而且想當然爾，她討厭蔬菜。

如同先前我們已經解釋過的（請參閱第 229 頁的「當媽媽外出工作時」），突然間的離乳很容易引起寶寶拒絕固體食物（副食品）。曾經，我看過一個寶寶在媽媽試圖突然離乳的情況下，一週內體重減輕了 500 克。當寶寶回到親餵時（這是媽媽和寶寶都希望的事），他立刻恢復對生命的興趣，不僅接受乳房，有時也可接受奶瓶！

為了恢復先前失去的體重，寶寶也許能輕易地回到純母乳哺餵。在其他情況下，若沒有人介入協助媽媽和寶寶，寶寶最終會放棄並且接受奶瓶，因為生存的本能強過任何事。寶寶在接受奶瓶後，他的體重會回復，但通常維持在「緩慢的增加」。

　　你認為這是我編造的嗎？來看一下蘿拉的遭遇吧！

　　我那十一個月大的女兒體重是 7.23 公斤，身長是 71 公分。問題在於她不想吃東西。我親餵母乳八個月，在四個月大的時候給她吃水果，五個月大的時候給她吃麥片，之後給她肉、魚和蔬菜。她的體重長得很好，直到六個月大時的健康檢查。從那之後她吃得很少，但最近她根本一點東西也不吃！

　　當我還在哺乳的時候，她對食物似乎很感興趣，可是現在，用餐時間變得很痛苦。

　　根據蘿拉小時候所使用的西班牙和美國的生長圖表，她的體重低於第 3 個百分位（這不一定是異常的，誠如我先前提過的），一定有人認為她的體重會因為配方奶而增加，顯然沒有。根據世界衛生組織的圖表，蘿拉的體重是正常的，比第 3 個百分位的體重高出

0.25 公斤。但是，這裡的重點不在於我們參考的是哪個圖表，舊的圖表在使用上加上一些謹慎和常識，一樣可以參考，而世界衛生組織的圖表可能被以僵化或不加思索的方式使用！

Q: 如果寶寶有厭食症（Anorexia）怎麼辦？

神經性厭食症（Anorexia Nervosa）是一種嚴重的精神疾病。不會發生在小小孩身上，而是發生在青少年身上（雖然我們開始看到越來越年輕的病人）。無論如何，這個病不會藉由強迫病人吃東西而治癒，反而會適得其反。所以，我們的通則仍然站得住腳：不要強迫孩子吃東西，倘若體重真的減輕，去查查是否生病了（也可能是精神方面的疾病）。患有厭食症的青少年體重會減輕，他們會減輕很多的體重；因此，如果你的孩子體重沒有減輕，不管她幾歲，她都不是神經性厭食症。

⟫ 會不會是嬰兒型厭食症？

我同意您所寫的所有內容，但對我女兒麥蒂來說並不適用，因為她真的不吃東西！

從一開始她就拒絕乳房。我只好將奶水擠出來，再用奶瓶餵她。但後來我的奶水沒了，我們開始使用配方奶（痛苦的開始）。她喝了半瓶奶之後就一直哭。醫師做了各式各樣的實驗室檢查，而所有的報告結果都還好。不過她看起來有一點胃食道逆流，所以他們給她吃藥 Cisapride（一種促腸胃蠕動劑）和一種防溢奶的特殊配方奶。唯一能讓她吃東西的方法是趁她正在睡覺的時候。

她現在十三個月大，體重是 7 公斤，情況很糟糕。她幾乎不吃奶，固體食物（副食品）也只吃四、五口。

醫生正在談論是否要讓她住院和使用餵食管，好讓她的體重增加，然後之後要開始進行心理諮商。

醫生們已經排除任何器官上的問題。

我們先澄清「厭食」一詞的意思，指的是「沒有胃口」或「不想吃」，這是一個幾乎所有疾病都可能伴隨的症狀，喉嚨痛的孩子或腹瀉的成人也可能會厭食。但是，神經性厭食症是一種特定的疾

病，就像「發燒（Fever），是數百種不同疾病的常見症狀」或「傷寒（Typhoid fever），是一種特定而具體的疾病」之間的差異；並沒有一種疾病叫做「嬰兒型厭食症」，那只是用一種花俏的方式來表達「孩子不吃東西」罷了。

讓我們假設你帶孩子去看醫生，並說明你注意到孩子的體溫一直很高；醫生在檢查完之後，或許會說，「他有中耳炎。」醫生給了你一個診斷，是你之前所沒有的訊息。但是，如果醫生只說，「他在發燒」，你可能會回答，「嗯，這點我已經知道了，但我仍然不知道他為什麼發燒。」相同的，如果你說，「我的孩子不吃東西」，然後有人告訴你，「他有嬰兒型厭食症」，他們其實什麼都沒有診斷出來，他們只是用希臘文和拉丁文混在一起重複了你剛才所說的話。

回到案例描述的十三個月大女寶寶麥蒂。的確，這個寶寶的體重在圖表裡最下面一條線的下方，雖然距離那條線沒有很遠，但這足以讓醫生有理由做檢查以確保她沒有生病。但是，如果所有檢查報告的回覆都是正常，我們就已經證明這個寶寶是健康的，完完全全的健康！在西班牙，有 15000 個健康嬰兒（占總數的 3%），他

們在一歲時的體重低於第 3 個百分位，麥蒂是其中之一（在美國，有二十萬個嬰兒的體重低於第 5 個百分位。）

使用餵食管來餵她的想法實在是很荒謬。不幸的是，這已經不是我第一次聽到這種訊息。我可以毫不避諱地說這是一種虐待，如果你要讓孩子遭受這種虐待，你自己才是真的必須「開始心理諮商」，這就好比無端拿掉別人的闌尾一樣地不道德，除非他已經闌尾炎。讓一個健康的孩子住院並且使用餵食管餵她是不對的，更何況麥蒂是健康的，這已經從她所有的檢查報告都是正常的得以證明。

假如麥蒂的體重因為不明的原因繼續減輕，即使在做過所有的檢查之後，報告都是正常的，她的體重卻降到 6 公斤，然後是 5 公斤和 4 公斤，又假如她對生命失去興趣，開始像根熄滅的蠟燭，那你可以很有邏輯地說，「我們沒有發現任何問題，但她很顯然是生病了，讓我們使用餵食管，或是為了讓這個孩子活著而進行一項絕望的嘗試，給她靜脈注射治療。」在此同時，我們要持續努力找出真正的問題，希望能夠拯救她，或者有奇蹟發生，她自己好起來。然而，儘管緩慢，麥蒂的體重一直有在持續增加。從出生開始，她的運動發展很正常，當她不被折磨吃東西的時候，她是一個快樂的孩子。

　　順帶一提，Cisapride 幾乎已經不再被使用，並且因為嚴重的副作用已經從美國市場下架。至於防溢奶的配方奶，即使在真的有胃食道逆流的診斷時，也已經被證實毫無幫助 [36]。

　　如果麥蒂不是出生在有著公費醫療和可以自由不限次數看兒科醫生的現代西班牙，而是出生在上個世紀，會發生什麼事呢？也許有人會注意到她很瘦，也許她的媽媽已經給她當時宣傳的眾多「補品」之一，但沒有人會去幫她做檢查，她的父母也不會被嚇到，也不會有人威脅要用餵食管餵她。

　　如果麥蒂的父母帶她去給烏來西亞卡多納（Ulecia y Cardona）醫師檢查，他是一位治療兒童營養不良的專家（你將會在本書的附錄中見到他），他不會擔心她的情況 [43]。在他的書中，我們看到被他治療成功的兒童的照片：六個半月大的 T.A.（人名縮寫），體重 4.02 公斤，在十三個月大時達到 5.53 公斤；十六個月大的 M.C.（人名縮寫），體重是 5.8 公斤，在兩歲的時候情況「非常好」，因為他的體重來到 7.7 公斤。這些孩子都有體重的問題，所有的治療都沒有使用餵食管，只有使用適當的食物。

❥ 寶寶的胃不會萎縮嗎？

不會。抱歉，我知道在這樣的書中，你可能希望得到更長的答案，但我說不出口。簡單地說：不會。

Q: 如果寶寶只是為了引起注意才那樣做呢？

「引起注意」是一個不恰當的表達方式。不同的人對這句話的理解不同，甚至相反；對於一個表達方式來說，沒有比這樣更不幸的了。

以白話文來說，「引起注意」指的是做一些事情來引起人們注意你。你可以將頭髮染成綠色，或是牽著一隻老虎四處晃晃。從這裡的意思看來，引起注意被認為是完全負面的，有點像是「看起來像個傻瓜」或是「演出來的」，沒有人會給那些只想尋求「引起注意」的人太多關注。

對於研究兒童行為的心理學家來說，「引起注意」至少有兩個

不同的含義，而且都不是負面的。更絕對不是意味著孩子只是在「讓自己看起來像個傻瓜」、「演出來的」，或著你應該忽視他。

「引起注意」這句話的第一個意義對其他的哺乳動物來說，指的是一種自發性（本能）的行為：當一隻幼獸與媽媽分開去玩耍或探索時，牠常常會回來讓媽媽知道牠在哪裡、在做什麼？同時，媽媽也會經常尋找她的寶寶，並且在她要離開前或寶寶離開太遠時，發出聲音來呼喚牠。在非人類的哺乳動物中，牠們透過吠、吼，或是咩咩叫、哞哞叫來引起注意。但在人類中，它呈現出更複雜的細微差別，「媽咪，你看我做的城堡！」、「茱蒂，走在人行道上！」、「媽咪你看，我是海盜！」、「快點，巴勃羅，該離開囉！」

顯而易見，得到媽媽的關注這件事，已經為我們這個物種的生存做出了數百萬年的貢獻。不能持續引起成年動物注意的幼獸會迷路或是被吃掉，進而被大自然淘汰。用這種方式引起我們注意是孩子的本能，他們就是忍不住會這麼做。如果因為我們想要看一下報紙，而對他們吼叫，要他們離我們遠一點，這樣只會讓他們感到不安，結果他們會更想要引起我們的注意。

心理學家對「引起注意」一詞的第二個定義是，當一個人想要引起注意卻又不知道如何用尋常的方式去獲得注意時，或多或少所出現的不正常行為。所以據說一個孩子去撞頭、嘔吐、亂踢，或弄髒褲子可能是為了引起注意。成人也會做一些事來引起注意：他們變得歇斯底里、威脅或企圖自殺、大喊大叫或是打架。若不是因為比較容易引起注意的方法（例如：說話或哭泣）失敗了，否則沒有人會走到這麼極端的地步。

當一位心理學家說，「這個孩子用打人的或咬人的方式來引起注意。」他的意思是，「這個孩子需要的關心比他已經得到的還要多，並且他已經採取用打人或咬人的方式，因為如果不這麼做，沒有人會在意他。你必須給他非常多的關注才能解決問題。」不幸的是，許多父母，甚至還有一些專家，卻用常見的說法來理解這個情況，像是，「這個孩子的行為很愚蠢」或「他正在演戲」，因此他們認為他們得忽略這種行為好讓其停止。

大多數拒絕吃東西的孩子會這樣做僅僅是因為他們不需要更多的食物。他們唯一想要得到的關注是讓我們知道「嘿，我已經吃完了！」有可能有某個孩子會在吃飯的時候用其他事情來引起注意，

這是在告訴我們他需要更多的關注，比如：要人陪他玩，講故事給他聽，看見他的小成就，並且不要拒絕他的肢體接觸或陪伴。當然他也需要不被強迫吃東西！

Q: 寶寶需要喝水、果汁還是茶嗎？

醫院告訴我，我應該給寶寶喝水，尤其是在夏天。問題是我的寶寶（一歲）不想喝水。她不喝奶瓶裡的水；她會從杯子裡啜個幾口，然後就開始玩起水來了。我們已經試過強迫她喝水而她只會把奶瓶拍開！自製的果汁和市售的果汁，兩種我都已經試過，但她通通不喜歡。我該如何做才能讓喝水這件事能更吸引她？

我很抱歉，並沒有能夠讓孩子喝水的方法。如果她需要水，她就會喝。如果她不喝水，那就是因為她不需要，報告完畢，句號。

完全按照需求純母乳哺餵的寶寶不需要喝水，除非他們發高燒或拉肚子（在這種情況下，你必須頻繁地哺乳，然後也許在餵完奶後給寶寶喝些水）。對沙漠中的貝都因人（Bedouins）已經做過研

究，這些寶寶不需要喝水！

　　瓶餵的寶寶，按著需求給予適當調配的配方奶時也不需要額外喝水。令人驚訝的是，許多人，包括醫護人員，仍然相信寶寶需要額外喝水。如果專家們說「每 30 毫升的水加一匙奶粉」，那是有原因的。如果配方奶寶寶需要更多的水，那麼專家們可以只要輕鬆地說，「每 40 毫升的水加一匙奶粉。」

　　開始吃固體食物（副食品）後，如果孩子大部分吃的是水果和蔬菜，那麼他需要的水分甚至可能比以前更少。當孩子們開始吃更多比較鹹或比較乾的食物（雞肉、麵包、餅乾）時，他們會開始口渴。

　　為了以防萬一，當你開始給固體食物（副食品）時，你可以開始用杯子給水（親餵的寶寶喜歡杯子甚於奶瓶；瓶餵的寶寶也可以開始學習）。但是，如果你的孩子不喝的話，不要堅持。他知道他自己需要喝什麼，不要懷疑他的判斷。

　　非常重要的是，你只提供「水」給他喝。不是果汁、茶、糖水，只有水！習慣性的飲用果汁和汽水取代喝水，是導致現今兒童和青

少年肥胖盛行的原因之一。

水果很健康，但果汁對兒童來說就不是那麼好了。這不是在說商店裡買的果汁含有什麼邪惡的成分，並沒有。即使是你自己在家裡製作的果汁，最好還是要限制喝的量。問題出在於一杯果汁至少需要兩顆柳橙，而很少有人能一次吃兩顆柳橙；但是果汁喝起來很容易，一開始先喝一杯，然後再喝一杯，直到有些孩子一整天喝進的果汁超過一公升。

小小的胃充滿了果汁，然後他們就吃不下其他的東西了。大孩子的問題則相反，他們的胃比較大，足以裝進他們需要的所有食物再加上果汁，因此導致了肥胖。

在任何年齡，水果中過量的天然糖分可能會引起慢性腹瀉，這就是為什麼美國小兒科醫學會（AAP）[37] 建議六個月大以後再給果汁。一歲到六歲之間，果汁每天攝取量的上限（用上限而不是下限，因為他們根本不需要喝）是 110 到 170 毫升。而在六歲到十八歲之間，是剛剛那個數值的兩倍。換句話說，在派對上，選擇果汁當然比汽水好；但對每天的攝取來說，就是只提供水。

關於給寶寶喝的即溶茶（instant teas，在許多國家很常見），很遺憾它們還沒有撤出市場。這些茶的組成有 95% 是糖，通常是葡萄糖，有些是蔗糖。如果你照著標籤上建議的量給寶寶喝，那麼等到他一歲的時候，他就會已經攝入超過 7 公斤的純糖。如果寶寶們需要這些輸液（他們其實不需要），最好是在家中自己製作，不要加糖。如果他們需要糖（他們其實不需要），你可以去任何一家店購買 40 倍以下的量。

Q: 為什麼寶寶這麼常吐？

我是一位絕望的二十四歲媽媽。我女兒十一個月大，她從來都不是一個吃得很好的小孩。除此之外更糟的是，她經常嘔吐。當她很小的時候，醫生將其歸咎於逆流，並要我讓她從母奶改成防溢奶的配方奶。但是我們仍然遇到困難，四餐之中，她會吐兩餐。有人告訴我，我餵她餵太多了，但她才吃到第五口的時候就吐了！每一樣東西都讓她作嘔，她拒絕任何堅硬的東西，像是餅乾，只要她嘴裡一有塊狀東西的時候，她就會吐。

我已經試過讓所有的食物都很滑順，但她仍然吐了，甚至還吐

掉喝進去的奶。我現在正在嘗試市售的寶寶食品，但她還是一樣吐。她已經接受過各種檢查，而我被告知所有的檢查結果一切正常。但對我來說，這似乎是不可能的，因為她從來都不餓，還有即使一整天不吃東西，她的體重仍然繼續在增加！

這真是一場噩夢，我無法像其他媽媽一樣享受我的寶寶，因為我是如此的擔心，這情況還要持續多久？

曼努埃爾的擔憂很容易理解。她沒有提到她的女兒有多重，但應該是正常的，因為她「被告知所有的檢查結果一切正常。」換句話說，即使曼努埃爾認為她的女兒吃得很少，但很顯然她吃得太多，就算在吐了那麼多之後，她攝取到的量已經足以讓她正常地成長和發育，並且沒有生病。

所有的寶寶都會吐，有些只吐一點點，有些吐很多。醫生稱之為胃食道逆流（Gastroesophageal Reflux，GER），換句話說，胃中的食物往上逆流回來。絕大多數的案例（除非嬰兒有體重減輕，吐血或其他類似的情況），這是完全正常的。當寶寶胃入口處的開口打開時，食物就會跑出來，一歲左右，這裡開始閉合，他們才會停止嘔吐。

當然，除非他們又被強迫吃東西。正如我們已經解釋過的，當你試圖餵給寶寶多過他的需要時，他就會吐，因為他無法控制他自己。

Q: 如果照顧者是素食者怎麼辦？

兒童和大人一樣，蛋奶素的生活可以過得很好。

限制更多的素食類型（不含雞蛋或牛奶）對於兒童來說也可以是足夠的，只要他是母乳哺餵到二至三歲，並且飲食中有加入適當的食物，更詳盡的內容則已超出本書的範圍。除非你可以很好地掌握營養的原則，否則遵循嚴格的素食飲食（更不用說要讓一個小小孩遵循）不是個聰明的主意。嚴格的素食者需要一直補充維生素B12，特別是在懷孕和哺乳期間。在知名的素食網站上有更多豐富的資訊。39,40

長壽飲食（macrobiotic diet）是漸進式的，當這種飲食模式往「完美」邁進時，飲食的限制就會越來越嚴格。這被認為是不適合

兒童、孕婦或哺乳媽媽的飲食。曾有母乳寶寶發生嚴重的維生素 B12 不足,這些寶寶的媽媽正是遵循長壽飲食或者是嚴格的素食者(不含雞蛋或牛奶)。

❧ 寶寶不會缺少某些營養嗎?

不會。如果你提供的是適當的飲食,你的寶寶將可以得到他所需要的,無論他吃得有多少。

當然,如果他的飲食中含有洋芋片和糖果,他很可能就會缺乏某些營養。但你的寶寶還太小,不會自己去商店買這些東西,他只能吃爸媽給他的食物!(請參閱第 223 頁我對於鐵質的評論)。

Q: 為什麼寶寶不嘗試新事物？

我兒子快三歲了，我非常擔心，因為他從來都不是願意嘗試新事物的人。

在這個世界上，有許多植物和一些動物具有毒性。我們動物具有一種保護機制，就是對已知食物的偏愛和對新食物一開始的拒絕。

他十五個月大。過去他會什麼都想要嚐嚐，但最近他只吃以前嚐過的東西，我甚至無法讓任何新的東西進到他嘴裡。

有什麼更好的保護比得過吃爸媽吃過的東西呢？研究證明，動物透過牠們媽媽的奶水來品嚐媽媽攝取的食物的味道。因此，吃媽媽奶水的綿羊喜歡吃與媽媽相同的草，而人工飼養的綿羊就沒有這種偏好。

儘管我們沒有進行類似的實驗，但我們認為這同樣適用於人類。這可能是母乳寶寶為什麼似乎拒絕嬰兒食品的原因之一；他們不喜歡香草口味的麥片或是綜合水果泥，因為這些並不是他們媽媽吃的

食物。另一方面，寶寶通常接受（並且乞求拜託）媽媽碗裡的食物。

因此，拒絕新的食物對孩子來說是完全正常的，尤其是如果他們沒有從母乳中品嚐過這種味道。你不需要強迫他們吃新的食物（他們會拒絕），但是也沒有必要從家庭飲食中去除這些食物。

已經有研究顯示，如果經常提供小孩某種食物（不強迫的！），並且如果他們看到自己的爸媽多次吃它，他們最終會接受（當然，雖然並非總是如此）。

Q: 寶寶不是應該習慣什麼都吃嗎？

你還記得自己上次參加婚宴是什麼時候？你還記得菜單嗎？

很多情況下，餐廳會另外替小孩準備菜單。當大人們在品嚐精緻的異國沙拉或海鮮料理拌創意沾醬時，孩子們則擁有自己的「兒童餐」，幾乎總是由一些熟悉的食物組成，像是意大利麵或炸雞配薯條。我從來沒有看過任何一個大人（甚至是年輕人）告訴服務生：

「我不喜歡這個，你可以給我來份兒童餐嗎？」

順便說一句，孩子通常在這些派對上吃得非常好，因為沒有人強迫他們吃東西。你也會看到大人吃著他們從未品嚐過的食物，不時說著每件事是如此的美好。

在宴會上見過成千上萬的兒童和成人吃飯之後，餐廳知道要讓孩子吃下「每樣東西」是不可能的。他們還知道大人喜歡嘗試新的食物，即使他們是吃通心粉長大的。

由此可見，不必擔心。你的孩子，當他到了一定的年齡時，他就會吃下各式各樣的食物了（至少是你家裡的東西）。同時，讓一個孩子永遠不要吃某種食物的最好方法就是：強迫他吃下那食物。

順帶一提，許多孩子在兩歲左右時會願意吃各式各樣的食物，然後在那之後，他們變成了挑食的小孩。四、五歲到青春期間，有些孩子似乎總是只想吃同樣的東西：飯、通心粉、炸薯條、麵包，巧克力牛奶，一次又一次。

你有什麼都吃嗎？在每一種文化中，都有一些被認為是可以吃的食物，但在其他文化則是不可食用的。我永遠不會去吃某些在我的國家認為是可以吃的東西，例如，蝸牛或豬腳；更別提螞蟻和狗腿肉這些在其他國家視為正常的食物。如果我被邀請吃上述其中的一些食物，宴會主人很有可能會認為我沒有被好好地養育長大，因為我沒有什麼都吃。

Q: 如果寶寶出生時體重很輕怎麼辦？

我是一個五個月大寶寶的媽媽，寶寶因為在子宮裡有生長遲滯的情形，在 36 週時引產出生。她出生時的體重是 1950 克，目前的體重是 5.8 公斤。

寶寶之前吃得非常好，每一餐她都會要求還要更多，我時常被她快速地喝完一瓶奶而嚇到。但當她一滿兩個月大時，她開始在每次餵奶時都會剩下一些奶，她現在還是那樣做。她一天喝四次，總共喝 480 毫升，我會在每一瓶奶裡加入兩匙麥片。

子宮內生長遲滯通常是因為特定的問題所引起，例如，胎盤無

法正常地滋養胎兒。那也是為什麼這位媽媽被引產的原因：唯有這樣做她女兒才有可能增加體重。而這正是寶寶所做的，她有著「過去的飢餓」，然後像小豬一樣地吃，直到她的體重回到正常。

這是一個很好的例子，說明孩子如何吃下他們所需要的東西。一旦她達到目標之後，她便會開始正常地吃（但卻令她的媽媽希爾薇亞感到絕望，因為她沒有預期到會有這樣的變化）。

並不是所有出生體重較輕的孩子都能表現出這樣迅速的恢復。根據引起問題的原因，他們可能仍然吃得很少，而且會有好幾年的生長緩慢。

早產兒或體重不足的兒童，他們體內所儲存的鐵質會比較不足，可能需要鐵滴劑。請諮詢你的醫生。

Q: 是否該讓寶寶按表操課進食？

你自己有按表操課嗎？你會在週日和週三的同一個時間吃早餐、

午餐和晚餐嗎？當你想看一場大比賽或是電視上一部有趣的電影時，你會不會提早一點或是晚一點吃？又如果你要出門去看電影或是去餐廳用餐的時候呢？

用餐時間表是我們文化中最有趣的迷思之一。實際上，沒有人遵循嚴格的吃飯時間表，沒有必要為了保持健康或是幫助消化在特定的時間用餐。這種「流行的智慧」其實自相矛盾：例如，有一些人說，如果沒有時間讓食物好好地消化，吃飽了就去睡覺是危險的。而另一些人則恰恰相反，建議你在睡前給寶寶吃一頓大餐，這樣他就可以睡過夜。

只有當我們在受雇的時候，才會被要求適應在工作前或工作後用餐。這跟你的孩子將來一上學後就得遵守時間表的理由是一樣的。他會在出家門前喝杯牛奶、下課時間吃些點心、早上的課程結束後吃午餐，回家後吃下午的點心。還是你認為，如果不在固定的時間給他吃嬰兒食品的話，你小孩的「節奏」會被大大的改變，使得他在十二歲的時候，必須隨身攜帶一盒通心粉在數學課上吃？

也沒有必要總是在相同的地方，或使用相同的程序餵他吃東西。

有幾餐，讓孩子在他的高腳椅上吃，其他餐坐在你的腿上吃；他會用手指吃一些食物，其他的用湯匙；他有時在家裡吃，有時在奶奶家吃；甚至，有時在路上邊走邊吃！

如果真的有必要（其實沒有）教導一、兩歲的小孩遵守大人的社會規範，那麼我們應該教給他們的反而是不要遵守時間表。你能想像，當孩子在十二歲時去拜訪奶奶，然後午餐要到下午一點半才準備好，他可能在中午十二點就開始哭著說，「我好餓，我好餓，我好餓。」因為當他還是嬰兒時，你總是在中午十二點整餵他？如何？你想要一個有那種行為的小孩嗎？

Q: 在兩餐之間吃點東西不好嗎？

這只是前一個迷思的延伸，食物就是食物，無論你什麼時候吃。

動物們沒有固定的用餐時間。大型肉食性動物吃超級大「餐」的時間間隔很長，但不是在固定的時間吃，牠們只有在狩獵成功時才有得吃。吃草的和吃蟲子的動物整天都在吃，不管何時，只要他

們找到東西就往嘴裡塞，直到吃飽為止。

實際上，一些科學研究顯示，對人類來說，比起我們平常那樣，間隔一段很長的時間然後吃一頓大餐，一整天少量多餐的方式可能更好[2]。一天只餵個幾次大量食物的實驗室老鼠，比起整天都允許吃東西的老鼠，前者的身體脂肪累積得比較多，即使牠們所攝取的熱量是相同的。牠們也產生比較多的膽固醇，並且胃會不正常地增大。換句話說，牠們的系統藉由在食物充足的時候增加儲存的能力，以回應當需要時卻沒有食物的危機。

在人類，那些僅在固定時間進食（不多餐，但份量很多）的人比那些「吃零食」（吃的量少，頻繁多餐）的人膽固醇更高、葡萄糖耐受度更低。這就是為什麼糖尿病患者會被告知每天要用餐五、六次的原因。

基於同樣的道理，試圖讓寶寶「睡過夜」而不要讓他醒來吃東西，看起來對他的新陳代謝來說可能是一個壞主意[2]。理論上來說，雖然小孩可以在白天的時候吃多一點，然後整晚禁食不吃，但讓他頻繁的吃可能比較好。因此，夜間哺乳不應該被視為一種「壞習慣」，而是一種需求。

Q: 寶寶可以多久不吃東西？

　　我的問題是：要到什麼年紀，我才可以不用叫醒我那八個月大的孩子吃東西？醫生告訴我說不要讓她超過五個小時沒吃東西，以免她的血糖下降太多。

　　新生兒的體重會減輕，而且他們哺乳的次數越少，體重會減輕得越多。有時這會讓他們陷入惡性循環：他們的體重失去得太多，以致於太虛弱而無法哭泣，因為他們不哭，媽媽也就沒有餵奶。

　　因此，明智的做法是：即使新生兒沒有吵著吃奶，也應至少每四個小時試著哺乳。任何年紀的寶寶在生病或體重減輕的時候，頻繁地哺餵可能是個聰明的方法，但絕對不要強迫他！

　　然而，對於一個體重持續增長的健康寶寶，無論他是八個月大還是兩週大，都不需要叫醒他吃奶。除非，舉例來說，媽媽是因為乳房太脹或是即將外出而需要餵奶。

Q: 我需要在餵食和游泳或洗澡之間等待嗎？

沒有所謂中斷消化這種事，許多西班牙裔稱之為「消化不良（corte de digestión）」。如果你在吃完東西後弄濕身體，什麼事也不會發生！

每年夏天，西班牙媒體總會報導，有游泳的人因為「消化不良」而死亡，那不是真的！他是淹死的。或許真的有些人在吃了一頓大餐後，會確實感到沉重和疲勞，如果他們又游得離岸邊太遠的話，這可能會促使意外發生。但是在岸邊沒有危險，在浴缸中的危險甚至更低。你可以在你的小孩吃完飯後立即幫他洗澡。

Q: 為什麼孩子在學校會吃，在家裡卻不吃？

孩子們在外人面前的舉止通常比在父母面前「還要好」。當老師跟我們保證孩子在上學時會收拾玩具或自己穿上外套時，我們無法壓抑自己的驚訝。那些眼紅嫉妒的人會說我們的孩子在操縱我們，但千萬不要上當。因為實際上，這只是證明孩子們愛我們。

首先，我們都會這樣做！你不是忍受了老闆對你的怒氣，但卻永遠無法忍受來自丈夫的怒氣嗎？這是「信任」的問題，我們希望我們的孩子能分辨家裡和學校之間的區別！

而你，親愛的爸媽，同時也是親愛的讀者，你在哪裡會服從得更多？抱怨得更多呢？你在哪裡會鋪好床、把衣服折得更整齊、打掃得更乾淨整潔呢？是在家裡還是在軍隊裡？你會想要回到新兵訓練營嗎？你會愛士官長多過愛你的媽媽嗎？

回到食物上，我們必須區分吃下的食物量和用餐禮儀（如果他吃得快、沒有玩耍、沒有弄的一團亂、沒有離開他的座位……）。比起在家裡，孩子在學校用餐時會有較佳的禮儀是可以理解的，因為在那裡他感受到被監視，而在家裡，他感受到的是被愛和安全感。但關於食物的量，他吃了什麼或不吃什麼是另一個不同的議題。而這個不同通常源自於一個非常簡單的理由：他在學校或托兒所的照顧者不會強迫他吃東西！

我們永遠不應該因為一些原因而強迫一個孩子吃東西。其中之一是，你越是試圖強迫，孩子就吃得越少。在托兒所，即使照顧者

很想這麼做，他們也不能強迫孩子吃東西。通常一位工作人員要照顧 10 個孩子，沒有足夠的時間可以乞求兩個小時，或是玩「飛機」遊戲。動作快的人有得吃，當然，大部分的孩子會趕快吃。

　　還是會有例外。有些孩子在學校吃的甚至比在家吃的還少。在這種情況下，通常是因為他們在學校時被強迫得更多。令我難以置信的是，有些精神不穩定的人真的會花時間強迫孩子吃東西。由於缺乏像媽媽那樣的母愛，這些人有時會表現出難以言喻的殘忍，我們曾經見過被迫吃他們自己嘔吐物的孩子，永遠不要忽視你孩子的抗議，一個害怕上學的孩子可能有充分的理由。

　　如果你的孩子是因為食物或任何其他的議題而遭受不正當對待的受害者，請迅速將他帶到安全的地方並向有關單位舉報。如果他被強迫吃東西，但不是採取極端的方法，請試著和學校或托兒所的負責人講道理，並說服他們不要強迫他。如果邏輯的論點還不夠，不要猶豫，使用一些句子，例如：「安東尼奧的胃無法正常閉合，醫生告訴我們千萬不能強迫他進食，因為他可能會嗆到。」這應該足以得到合理的尊重。

對待那些對任何特定食物感到特別反感的孩子也是一樣。幾年前，在一家西班牙醫院發生了一起可怕的事件。一個對乳製品過敏的小小孩因為其他原因而住院，卻在吃了優格後死亡。臨床病史中並沒有記載到他的這項過敏，儘管孩子的年紀很小，他已經讓父母教導過要拒絕任何的乳製品。某個醫護人員忽視他的拒絕，並且強迫他吃優酪。

我可以想像得到。這個孩子尖叫、哭泣、緊閉雙唇，企圖解釋他不要吃優格，事實上，是絕對不可以吃。也許其中一位醫護人員看到了並且說，「這個孩子只是被寵壞了，他的媽媽只能順著他，讓他用這個方式逍遙法外，然後他就得逞了。把優格拿來，我會讓你知道怎麼讓他吃下去。」

這個案例應該足以確保沒有人敢再強迫孩子吃東西，無論是在學校還是在醫院。不幸的是，儘管這件事在新聞中流傳了很長的一段時間，但現在似乎每個人都已經忘記了。我並不是在暗示所有拒絕吃某種食物的孩子都有過敏疾病或是處於真正的危險之中，但是他們有自己的理由，而這些理由值得我們的尊重。如果你無法藉由合理的方式在學校獲得這種尊重，不要猶豫，就說你的孩子有過敏。

Q: 應該讓孩子有拒絕的權利嗎？

在生活中，兩個人的意見分歧是很常見的。我們的孩子必須學會在這些情況下採取適當的回應。他們必須學會用合理的論述來捍衛自己的觀點，並且帶著尊重傾聽他人的論述和觀點。當某人是對的時候就承認，當他們這一邊是有理的時候期待得到尊重。他們也需要學會有尊嚴地屈服和達成令人滿意的妥協。

不幸的是，許多育兒「專家」（很少有領域能擁有如此龐大的專家小組，從那些寫書的，到我們在電梯裡遇到的人）堅持教養小孩必須使用鐵腕，如果你有一次放棄了你的權威，你就永遠失去它了。他們指出，規則只要幾條就好但必須是牢不可破的（另一個版本則偏好有很多規則，但同樣是不可改變的）。比如，孩子在哭鬧和尖叫的時候，把他想要的東西給他是在「獎勵」他，因此，你是在鼓勵他下一次要哭鬧得更厲害。

為什麼只有父母才能擁有這種絕對的權力？我們希望雇主能傾聽員工的不滿。我們希望法律不是來自暴君的意志，而是來自民主的共識，即使在法官面前，提出上訴和論述也被允許的。法官會因

被告「逍遙法外」而擔心失去權威嗎？

我們必須問問自己，我們想要培養出什麼樣的孩子：有負責感、有愛心、能夠溝通、有自信、有堅定的信念？ 還是我們在尋找順從聽話或諂媚阿諛的成人？

根據我們的回答，我們必須接著問的是，我們是否有能力不讓我們的孩子「逍遙法外」（拒絕），尤其當他們是對的時候。

Q: 為什麼我的孩子吃的比鄰居的孩子少？

那麼，如果鄰居的孩子吃得更多怎麼辦？會不會碰巧鄰居的小孩比你的小孩更可愛？或者更聰明？那麼，就讓那位鄰居小孩的媽媽享受在食物議題上獲勝的滿足感吧！

有些孩子吃得比其他孩子多或少的原因有很多。當然，年齡、體型、生長速度和身體的活動量都很重要，而且每個孩子還有自己內在的代謝因素。我們都知道有些人是「吸空氣就飽了」，有些人

得「吃光映入眼簾的一切」。

　　雖然很多我們鄰居的孩子可能吃得比較多，但也有一些吃得比較少的孩子。不過有時候會有誤會：你所謂吃得比較少是如何認定的呢？鄰居認為的吃得比較多是指什麼？

　　我們的一個朋友苦澀地抱怨著他的兒子吃得很少。她會很焦急地問我們，「他總是剩下半盤以上的食物。你的孩子吃得好嗎？」。我們會回應，「嗯，是的」、「他會吃完盤子裡的食物嗎？」、「會的，他通常會吃完。」他看起來很擔心，深信她兒子是世界上唯一不吃東西的孩子。我們有時候希望我們能夠撒一點善意的謊言就只為了讓他好過一些。（事實上，我們已經開始改口回應這些問題，「不，他什麼東西都不吃，但是他很強壯很健康，這才是最重要的！」）

　　有一年夏天，我們一起去度假。用餐的時候，我們的朋友很驚訝地看著我們給孩子的那盤食物，他說：「這是你要給他的全部食物嗎？」「嗯，是的。」「這樣夠嗎？」「當然。如果我們給他更多，他會沒有辦法吃完。」他的臉色大變，就像古希臘的阿基米德跳出浴缸大喊「我發現了！」時的臉色大變一樣。

她跑去清空她兒子的盤子（她給她兒子的份量是我們給孩子的兩倍！）。她的兒子吃完整盤食物（那當然！）；之後，她再也沒有食物相關的問題了。

Q: 孩子為什麼不吃他以前喜歡的食物了？

兒童的喜好會隨著時間而改變。一個曾經是香蕉鐵粉的寶寶巧妙地將他的忠誠給了蘋果的情況並不罕見，又或著像米蓋利多（人名），曾經很愛喝牛奶，一年來拒絕碰牛奶，然後突然又想要……又不喝。

Q: 孩子什麼時候才能學會自己吃？

一歲之前，有時候是在他們第一次品嚐食物之前，孩子們經常試圖將食物放進嘴裡。這不必然等同於自己吃，因為他們可能還不想要媽媽離開；而更想要媽媽看著並且稱讚他們用手指頭撿起豆子的能力。如果你讓他們練習，他們很快就能用手指或湯匙吃得很完

美,包括演一齣從杯子喝水的獨腳戲。

如果我們因為倉促或是為了要讓寶寶多吃一點,而拒絕了他這些最初一連串的自主權,寶寶很容易就對這件事失去興趣。到了十八個月大的時候,他甚至可能對自己餵自己吃東西完全不感興趣,因為對他來說,現在讓別人將食物放進他嘴裡容易多了。

教導孩子只有在大人餵他的時候才能吃東西並沒有什麼不對,只要你願意這樣做上好幾年都不抱怨;不公平的是教他只有在大人餵他的時候才能吃東西,然後又因為他不自己吃而一直抱怨!

不管如何,「餵他吃」絕對不等同於「強迫他吃」。無論是他自己吃還是你餵他,當你的孩子說(或用動作手勢表示)「我吃完了」,就應該把碗盤收走。

常常一個已經能自己吃飯的寶寶(或學步兒)會突然要求想要被餵。他可能是因為不舒服、嫉妒、或者只是單純想當小寶寶。這是一種小小的、無害的撒嬌。接受這個愛意的表現,千萬不要讓邪惡的人告訴你,你的孩子正在「操縱」你或是正在「退化」中。相

反的，這是完全正常的行為，與兒童精神科醫師約翰·鮑比（John Bowlby）的描述相似 [41]：

即使在鳥類的世界中也是如此。已經有相當能力自食其力的幼鳥，在父母映入眼簾時，就會開始以雛鳥的方式乞求食物。

Q: 孩子需要多少卡路里？

在本書中我們曾提到卡路里（熱量）的部分，那些只是用來做範例。我必須從那些我過去從來沒有看過的書中挖掘出這些數據，既非以家長也不是以兒科醫師的身份。瞭解一個兒童或一個成人的熱量需求，對於科學家和研究人員來說可能有幫助，或是針對非常特殊的情況，例如，必須透過餵食管來餵食昏迷的病人。但是，這些卡路里的數據對於餵養一個健康的孩子來說毫無幫助。

首先，兒童的需求就像成年人的需求一樣，變化很大。需求量會根據孩子的年齡和體重而改變，但即使是相同年齡和體重的孩子，攝取的量也可能大不相同，每一天的需求也不同。但是，為什麼你

需要知道你女兒每天每公斤需要 84.2 到 120.8 大卡呢？（幾乎將近 50% 的巨大差異。這是 50 天到 83 天大、餵食配方奶的女寶寶的實際數據）[2]。你寶寶的實際需求可能落在這個廣大範圍內的任何位置，甚至可能高一點點或者低一點點；而另一方面，你女兒非常清楚地知道她需要什麼。

其次，我們對兒童需求的理解持續在改變中。如上所述，關於兒童的熱量需求有新的研究，更精確的研究。我剛剛提供的數據：每天 84.2 至 120.8 大卡之間的數據已經過時並且已經更新。根據布萊特（Butte）的研究[4]，三個月大喝配方奶的女寶寶（換句話說，是九十天大）每天每公斤需要 59.7 到 117 大卡。平均值已經調降，並且範圍也變大；我們知道有些孩子的食量是其他孩子的兩倍，即便他們的年齡和體重相同。

不同作者的建議很難比較，因為他們通常採用不同的年齡範圍。杜威（Dewey）和布朗（Brwon）[42] 進行了必要的計算，以便能做公平的比較。有趣的是，在 1985 年，世界衛生組織建議十二個月到二十三個月大的兒童（男和女）每天需要攝取 1170 大卡；而布特（Butte）在 2000 年[4] 的估計是需要 894 大卡，減少了 24%。九到

十一個月大之間，建議的卡路里攝取量減少了 28%。在短短的十五年內，四分之一的飲食「需求」已經從地圖上消失了。

這些在 1985 年提出的數據，在本書的第一版裡稱之為「較新的數據」，與數據更高的「較舊」的資料對比。你的家中可能有一本書，建議根據孩子的年齡，給予精準的食物量，但這些建議的根據可能幾乎是「史前」的數據了！

第三點，即使有可能（事實上是不可能的）確切地知道你的寶寶需要多少卡路里，你也無法知道她是否攝取了這個量。你或許可以從標籤上得知一個優格或一包卡士達醬有多少卡路里，商業產品通常都是一樣的。但是，一盤義大利麵有多少卡路里呢？這取決於你用了多少醬料，那個醬料裡的油是多還是少？還有你是否加了帕馬森起司？科學家在他們的實驗中用非常精細的方法來測量熱量的攝取，試著像他們那樣在家裡這樣搞，根本是飲食科幻小說！

健康的進食行為是透過身體內部的線索（飢餓和飽腹感）所引導的，而不是透過外部的線索（壓力、承諾、懲罰和公開宣揚）。專家們認為，青少年和成年生活中的許多問題，例如：強迫性的節

食和暴飲暴食，都源於嬰兒期學到的，根據外在線索進食[14]。給你的孩子一個一輩子的禮物：讓他學會根據自己的需求吃東西，而不是根據某些圖表！

用說的很容易！我倒想看看如果岡薩雷斯醫師的孩子像我的孩子一樣拒絕吃東西的話，他會怎麼處理。

恐怕你晚來了一步！我的孩子們已經長大了。是的，他們確實長大了，即使他們以前不吃東西。你認為我是怎麼知道一個孩子可以起床不吃早餐，或是沒吃晚餐就睡覺，又或者一整天只吃一個優格和兩片餅乾的呢？你認為我是怎麼知道有些小孩在一歲的時候停止吃東西，其他的小孩在十個月大之前拒絕吃固體食物（副食品）的呢？你又怎麼看我是如何發現他們可以長達一年不喝奶或是不吃香蕉的呢？為什麼你認為我堅持這些全部都是正常的？

基於同樣的理由，我也知道，如果你表現出尊重和不強迫他們吃東西，他們就會吃進他們所需要的，並且健康快樂的長大。

我並非道聽途說，我全都經歷過了，我是過來人啊！

歷史回顧

　　「我的小孩不吃東西」是一種如此常見且充滿焦慮的抱怨，讓人不禁以為這是人類自古以來的問題，始終存在，就像對黑暗或狼的恐懼一般。幾年前，我也曾以為這種媽媽對寶寶不吃東西的恐懼有著悠久的歷史，源於當食慾不振是結核病或另一種（當時）不治之症的第一個症狀時的年代，是死亡的預兆。

　　然而，在讀完一些老舊的書籍之後，我開始產生懷疑。有沒有可能那些「不吃東西」的孩子是一種相對比較新的現象？

　　烏萊西亞・卡多納醫師（Dr. Ulecia y Cardona）在 1906 年出版了《養育孩子的藝術》（Arte de criar a losniños）[43]，在他的年代，似乎媽媽們並沒有向兒科醫生抱怨她們的寶寶不吃東西，相反的，她們對於寶寶健康的食慾感到驕傲，這點卻讓醫生很擔心：

我們常常聽到父母誇耀他們對孩子的食慾感到相當滿意，「妳應該看看他吃得有多好，他什麼都吃！」一段時間之後，我們聽到好多人哀嘆失去這個孩子，「可憐的寶貝！他死的時候什麼都吃。」不幸的是，他們並不明白，正是這一點造成了嬰兒的死亡，而不是其他原因。

那個時代的嬰兒營養專家烏萊西亞醫師（Dr. Ulecia）與當時最偉大的兒科醫生之一布登醫師（Dr. Budin）一起在巴黎求學，他們最大的恐懼正是過度餵食，一種「不可原諒的罪行」。

當時固體食物（副食品）的引入相當謹慎。烏萊西亞醫師建議純母乳哺餵直到嬰兒十二個月大，只到十個月大算是最早的。在這個年紀，妳可以開始給寶寶由水和麵粉調製成的清粥，餵完以後哺乳。

一個一歲寶寶一整天的食物攝取如下：

上午8點～9點	親餵母乳。
中午	用麵粉製成的粥（不要用肉湯做，不管那肉湯有多純淨。因為脂肪對頭幾個月大的嬰兒不利）。這些粥在最開始時必須非常的稀，然後隨著時間可以濃稠些。我不建議用牛奶做成粥，我偏愛它們是用水做的，吃完粥後，親餵母乳當作甜點。
下午4點	親餵母乳。
晚上7點	牛奶130公克。
晚上11點	親餵母乳。
午夜後	和上個月一樣，只用乳房親餵一次。

在大約十三到十四個月大時，烏萊西亞醫師建議在早餐的粥裡加入一個蛋黃，然後下午加入一頓清粥。在十五個月大時，他建議在兩頓的粥裡都加入蛋黃。在十六或十八個月大時，加入肉湯、豆類和餅乾（一天一次）。在二十個月或二十一個月大時，停止哺乳，甚至夜裡的哺乳也是，每天允許吃三次餅乾。在二十二到二十四個月大時，添加巧克力、魚和腦。

　　三歲的時候，可以給全蛋和根據特殊配方製作的雞肉炸丸子。魚的份量限定為「一元西班牙硬幣的大小或多一點點」（當時西班牙的一元硬幣是 37 毫米，還有每天提供三份 100 克的牛奶（不到半杯！）。

　　三歲半的時候開始給水果：「他們可以接受一些葡萄。」孩子每日喝牛奶（130 到 150 克）兩次。

　　蔬菜在孩子四歲的時候開始，但是「只給一點點」，小牛肉也是。還有「適量的水果，哈密瓜、西瓜和桃子等等除外」並且不可以在傍晚給。

　　妳現在明白那個時候的孩子為什麼會吃東西的原因了嗎？＊妳能想像，妳若生活在那個年代，當烏萊西亞醫師聽到妳親愛的小寶貝吃下的每一樣東西時，妳可能會得到他的一頓訓斥嗎？一歲以前就吃了水果、蔬菜、肉和魚，還有好幾杯的牛奶，妳將會令他抓狂！

＊註：p.300 提到當時的兒童食慾都很好，但從上面的飲食建議看起來，可能是因為他們的攝取量遠遠不足身體所需。

（而且妳還必須為這次的拜訪花上 10 比塞塔（peseta，西班牙幣，一筆不小的錢）。下次妳的寶寶不想吃水果的時候，請記住這一點：他的曾曾祖父直到三歲才嚐過水果！

「小孩不吃東西」的問題源於孩子吃的東西和他媽媽希望他吃的東西不一樣。很可能孩子一直有在吃東西，或多或少，或吃一樣多。但是媽媽們期待他們吃的量（至少是那些去看過醫生或是讀了些書的媽媽）已經在上個世紀發生了巨大的改變。現今，如果我們的女兒吃了三口的蘋果，我們會感到非常驚慌，因為我們已經被引導相信她應該要吃掉一半的蘋果、一半的水梨、一半的香蕉，還有一半的橘子和一些餅乾。我們的曾祖母也只吃了三口蘋果，但是我們的曾曾祖母是不敢告訴醫生的。

我們被告知，讓兒童在年幼時習慣各種食物非常重要，否則他們以後會拒絕那些食物並且變成挑食的人。這不是真的！我們的曾祖父母直到五歲才吃到「一般的食物」，而且不知怎的完美地適應了成人飲食：像是沒有什麼比得過的、著名的地中海飲食*，不含人工食用色素或防腐劑。難道水果、蔬菜和豆類這些在 100 年前就像是人們期待已久的美食，而現在我們卻將它們變成了可怕的威脅？

二十年後，在 1927 年，皮格‧羅伊格醫師（Dr. Puig y Roig）[44] 在他的書《育兒（Puericultura）》中甚至沒有提到不吃東西的孩子的存在。他建議在六個月或八個月大時吃第一種食物（麵包和大蒜濃湯），一歲時的飲食像這樣：

上午 6 點	親餵母乳。
上午 9 點	親餵母乳。
中午 12 點	鹹湯。
下午 4 點	親餵母乳。
傍晚 7 點	甜粥。
晚上 11 點	親餵母乳。

鹹湯僅由麵包、鹽和大蒜製成。甜粥是用燕麥或米粉（rice flour）製成，可以加些牛奶。不幸的是，皮格醫師（Dr. Puig）的研究集中在一歲，關於引入其他食物的介紹非常模糊。

我們可以在他的同事兼同胞戈代醫師 （Dr. S Goday）[45] 的

＊註：地中海飲食是全球公認的健康飲食，料理方式是以大量橄欖油、豆科植物、天然穀物、水果和蔬菜為主，適量的魚和乳製品，並減少紅肉攝取。

研究中找到所有細節，他在一年後出版了《嬰兒第一年的餵養（Alimentació del nn duant la primera infància）》（1928 年），是本書所引用的書籍當中，唯一不是針對媽媽而是針對醫生的書。

書裡並沒有提到缺乏食慾或是「不吃東西」的孩子。同時建議八個月大的第一種食物應該是麵粉和水做成的稀粥，一歲大時（十到十五個月大之間）建議以下的飲食：

兩份由麵粉製成的稀粥（麵粉和水）和四次哺乳（或是四杯加糖的牛奶）。一歲之後，每天可將一個蛋黃加到一次的粥裡面。除此之外，也可以用奶水製成的稀粥（牛奶和麵粉）替代。

在十五到十八個月大之間，可以給馬鈴薯泥、雞蛋和意大利麵。十八到二十四個月大之間，加入肉和魚。

可以給少量的蔬菜泥，例如菠菜；但不是很有營養……。

十八個月大時起可以吃水果，但只能給煮過的水果，例如：蜜餞或醃漬物。只有到了三歲，戈代醫師才允許使用少量的新鮮水果。

戈代醫師的建議與今日的建議相去甚遠，儘管烏萊西亞醫師可能還是會不高興，（這位老人無疑在想：「兩歲以前就給蔬菜？還好至少是只給了一點點！」）。

1932 年，羅伊格‧拉文托斯醫師（Dr. Roig y Raventós）在他的著作―第四版的《育兒的原則（Nocions de puericultura）》[46] 中有類似的建議。在八個月大，或著更好的是在十個月大時給第一種食物（少量的大蒜和麵包湯，吃完之後再親餵母乳）。一歲大的飲食幾乎沒有什麼改變：

上午 7 點	親餵母乳。
上午 10 點	瓶餵。
下午 1 點	鹹湯和親餵母乳。
下午 4 點	親餵母乳。
傍晚 7 點	甜粥和親餵母乳。
晚上 10 點	親餵母乳。

鹹湯的成份是水、麵包和大蒜。

在十八個月大時，妳可以開始給塗了奶油的麵包、蛋黃、番茄、

葡萄和柳橙汁，意大利麵和豆子。兩歲半時可以給魚，三歲時給雞肉。

對羅伊格醫師來說，過度餵食仍然是主要的危險：

大部分的兒童疾病源自於過度餵食。

儘管仍遠低於目前的建議，比起世紀交接的時候（指 19 世紀進入 20 世紀之初），在 1920 和 1930 年代，餵食的年紀開始得比較早，餵食的量也比較多。為什麼會那樣？這對孩子的食慾會有什麼影響嗎？羅伊格醫師（**Dr. Roig**）在 1932 年時並沒有談到有關食慾不振的議題，但有可能衝突正在醞釀之中。如果建議的飲食一直持續增加，遲早，有一部分的兒童將無法吃到建議上的每一樣食物。

1936 年，羅伊格醫師在他第五版的書[47]中做了一些修改。開始給予固體食物（副食品）的時間往前提早了。原來的句子：

在第二個六個月結束的時候（註：即指一歲），讓寶寶嚐嚐鹹的食物是有益的。（1932）

已被更正為：

在第二個六個月的時候（指六個月大到一歲），讓寶寶嚐嚐鹹的食物是有益的（1936）。

為了預防壞血病（一種缺乏維生素 C 的疾病），新鮮果汁也可以在四個月大時開始介入。

壞血病會發生在飲用經過消毒和改良的配方奶的兒童身上，這些配方奶為了試圖與母乳相似，製程中的化學方法已經破壞了它們所含的少數維生素。

隨著固體食物（副食品）量的增加，那些無法吃下所有東西的兒童數目也增加了。在 1936 年，我們看到衝突出現了。這在羅伊格醫師為他的書新增了三個章節中露出端倪，三個章節分別是體重過輕、佝僂症和食慾不振。最後一個主題佔據了兩頁：「兒童缺乏食慾是最常見的家庭擔憂之一。」

所以到這裡我們有了完整的樣貌：不吃東西的小孩和擔心的媽

媽！然而，在那時有一群媽媽（如今似乎已經滅絕）對羅伊格醫師來說既奇怪又具威脅性：就是那些不會擔心的媽媽們。她們依然捍衛著孩子拒絕食物的權利，因而拒絕醫生的專業建議：

遺憾的是，下面是在醫生診間裡重複出現的一個場景：

在為手上的臨床病例找到合適的治療方式並傳達給家屬時，有時甚至在還沒說完之前，那位媽媽就當著孩子的面前打斷醫師並且說：「他永遠無法吃完你所建議的全部食物啊！」從那一刻起，孩子就知道他的媽媽是自己固執拒食的捍衛者。這位媽媽愚昧無知，不配照顧孩子……絕對不要在孩子面前藐視權威，更不要說這個權威是醫師了。

幸運的是，現代的醫師們並不認為他們比媽媽優越，也不認為任何一位沒有完全聽從醫師建議的媽媽「不配照顧孩子」。

在其他時候，媽媽似乎因為表現出太多的情感而被指責：

同樣遺憾的是，學齡兒童的食慾不振和嘔吐經常發生在那些被

過度溺愛的小孩當中。那些表現出緊張性食慾不振的小孩，用嘔吐作為每天戰鬥後的結束。

最後，媽媽可能只是弄錯了：

有一種想像中的食慾不振也是存在的。孩子們吃得很好，但是他們的媽媽，毫無科學依據地，想像他們的孩子吃得不夠，然後每天都在進行無意義的戰鬥。

很明顯的，沒有提到拒絕吃東西的孩子是因為他不需要他的醫師開給他的那些食物量。當時的營養專家們，不但沒有根據他們在實際操作後的失敗來審查他們的理論，反而是全力向前推進。羅伊格醫師在他 1947 年撰寫的最後一版 [48] 中，包含了一些劇烈的改變。

第一種食物（大蒜湯）要提早一點給。從原先建議的八或十個月大改成六個月大。一歲大時的菜單與 1932 年的菜單相同，不過用餐時間有所更改但沒有解釋原因（現在改成上午 6 點、上午 9 點、中午 12 點、下午 4 點、晚上 9 點和午夜）。還有，1932 年的「鹹湯」只含有麵包和大蒜，1947 年的包括起司、雞肉或魚：

一些七、八個月大左右的孩子可以接受半個蛋黃，或一茶匙的起司粉，或一茶匙必須煮沸2分鐘的奶油，甚至一茶匙的肝臟泥（煮熟並過濾）。每一天提供不同的食物。

　　第一個「訓練用」的奶瓶也提早開始使用：六個月大而不是十個月大。小孩如果沒有在規定的用餐時間吃下規定的食物，將會面臨可怕後果的威脅。奇怪的是，年齡往前提到六個月大，昨天還非常好的小孩，今天卻逐漸消瘦了，而對建議的更改卻沒有任何的解釋：

　　即將滿一歲的孩子必需吃得更多而不能只有吃母乳。母乳中的鐵質含量低，如果孩子只靠這個乳腺分泌物餵養，他會變得又白又鬆垮。這些是「凝乳寶寶（Curd babies）」（1936 年）。

　　在第一個學期（6 個月）即將結束前，孩子必需吃得更多而不能只有吃母乳。母乳中的鐵質含量低，如果孩子只靠這個乳腺分泌物餵養，他會變得又白又鬆垮。這些是「奶油寶寶（Cream babies）」（1947 年）。

對於 1941[49] 年出版第一版《育兒（Puericultura）》的拉莫斯醫師（R. Ramos）來說，隨著 1949 年第二版的出現，「不吃東西的小孩」這個問題似乎並沒有得到太多重視。這本書在嬰幼兒的教育和紀律上佔用了大量的篇幅，但他只用了兩段來談論食物：

當一個平常吃得很好的孩子突然不吃東西了，媽媽千萬不要堅持或強迫他吃，相反地，讓她在接下來的幾個小時只餵孩子喝礦泉水、果汁或茶，這樣應該就足以克服這種情況。

然而，認知到一些孩子可能不需要那麼多的食物，並沒有讓他修改他的一般建議。三個月大給果汁、四個月大給麥片、五個月大給蔬菜泥、五個半月大給水果泥，六個月大給餅乾，七個月大給蛋黃，八個月大給肝臟……。在十個月大之前，飲食的種類肯定是足夠的，從 1941 年到 1949 年之間發生了有趣的變化。

在 1941 年，拉莫斯醫師給九到十二個月大的孩子建議如下：

早上 6 點	第一次親餵母乳。
早上 9 點	水果泥和餅乾。
中午 12 點	蔬菜泥和肝臟泥。第二次親餵母乳。
下午 4 點	粥加蛋黃泥。（一歲時，一個蛋黃）。第三次親餵母乳。
晚上 8 點	小麥，木薯或燕麥粥。果汁或哺乳。
晚上 11 點	粥。第四次或第五次親餵母乳。每天給兩片餅乾或一小塊麵包。

而在 1949 年，他給十到十二個月大的孩子建議如下：

早上 7 點	第一次親餵母乳。
早上 10 點	150 克的粥，用滿滿 1 茶匙的麵粉或玉米粉。3 湯匙的蛋黃，一週三次。慢慢增加，直到一歲時可以吃一整個蛋黃，一週三次。第二次親餵母乳。
下午 2 點	3 茶匙的混合蔬菜泥與 1 茶匙（10 個月大）或 2 茶匙（一歲）的馬鈴薯。3 茶匙的肝臟，在沒有給蛋黃的那 3 天給。少許白開水或礦泉水、水果泥。
下午 6 點	150 公的粥，用滿滿 1 茶匙的麵粉或玉米粉。第三次親餵母乳（一歲時離乳）。
晚上 10 點	5 到 8 湯匙的湯（從 75 到 120 毫升）。第四次親餵母乳。

僅僅八年的時間，同一位作者就做出了一些重大改變。一方面，我們看到從六餐減少到只有五餐。另一方面，裡面強調了更多兒科醫生的控制。公克、立方厘米、特別指出一週中的哪幾天餵蛋黃還是肝臟。（不，在第一版中沒有關於這些的自由。這還只是摘要圖表，那本書已經在前面用了好幾頁解釋這些細節。不同之處在於強調：1949 年，拉莫斯醫師認為這些細節重要到足以在摘要圖表中重複）。

孩子們吃得下全部嗎？是有理由懷疑的。

布蘭卡福醫師（Dr. Blancafort），在他 1979 年出版的《實用的育兒（Puericultura actual）》一書中 [50]，不吃東西的兒童是一個重要的主題，他寫道：「母子之間發生問題時最常見的原因。」他在章節「兒童最常見的消化系統改變」的第一部分，用了六頁討論這個主題，他的描述與任何現代醫生會做的描述一樣：

食慾不振或厭食……是讓擔憂的媽媽們來看兒科醫生最常見的原因之一。媽媽認為，如果這種情況繼續下去，她的孩子會餓死。……這應該被視為是一個過渡階段，對許多孩子來說並非異常……一般來說，這個食慾不振的問題在一歲以前都不是個問題。

布蘭卡福醫師（Dr. Blancafort）推薦的治療方法與本書已經解釋過的非常相似：不要強迫孩子、不要分散孩子的注意力和不要威脅。不需要服用藥物，並且認知到孩子不需要吃那麼多。但是，這種富有同情心的態度並沒有阻止他給出下面的建議，更早開始給予固體食物（副食品），比以前的建議還要早，從三個月大就開始，而且不是慢慢地而是突然地：第一天，給兩份用牛奶混和麵粉的粥，

以及一份水果。四個月大時給蔬菜。六個月大時給蛋黃和肝臟（但有時是四個月大）。

給十到十二個月大寶寶的食物清單中不再包括哺乳。而最令人驚訝的是，裡面也沒有提到奶瓶餵養。1970 年代是個「副食品」勝利的年代：

早餐	加入餅乾或麵包的甜粥。
午餐	湯或蔬菜泥或馬鈴薯泥中添加肉、肝臟或腦等。水果當甜點，或一些起司。
下午點心	水果泥、水果優格或餅乾。
晚餐	甜粥中加入蛋黃或是湯中加入蛋黃、火腿、魚、或貝夏美醬（béchamel，一種用牛奶、麵粉和奶油製成的白醬）。

一歲時，可以給乾豆類、水果、醬類、糖果、蛋糕和巧克力粉。難怪布蘭卡福醫師必須針對食慾不振這個主題寫上整整六大頁！

　　這裡並不是要假裝成是一份詳盡的歷史分析，我並沒有系統性地搜尋和這主題相關的所有文獻。但從這些看起來，「不吃東西」的孩子，成為媽媽們關注的問題和去看醫生的理由，誕生於 1930 年代，然後隨著嬰幼兒餵食建議的改變漸漸地蔓延出去。

　　兒童的餵養方式似乎在上一個世紀徹頭徹尾的改變了，改變的程度之大幾乎與裙子的長度或領帶的寬度一樣。每一個新世代的醫生都推薦了與上一個世代完全不同的飲食方式（換句話說，與他們在醫學院裡學到的不同，也與他們自己還是嬰兒時所吃的方式更是不同）。每一位醫生也隨著他的職涯發展改變了他的建議。每一代的兒科醫師都遇到了「教育」媽媽們新的科學發現的挑戰，還有對抗祖母們的建議，那些建議可是遵循了 30 年的醫學規範。這些可憐的媽媽們和祖母們，她們只是重複另一位醫生所說的話，或是她們在某本書發現的內容，結果被貼上對嬰兒營養愚昧無知的標籤。沒有一位作者花上時間來談論舊的飲食方式，以便解釋其中的差異和改變的理由。相反地，每一位作者都在推薦最近發明的飲食方式，彷彿在宣講聖經中的十誡一般，並且要求大眾立即服從。

　　現今的醫生建議媽媽們等到六個月大再開始給固體食物（副食

品），他們會面對那些習慣於 1970 年代早期引入副食品觀念的媽媽，尤其是祖母。（「妳說的只餵母乳是什麼意思？他現在一天應該要吃到三次飯了！」）七十年前，問題正好完全相反。著有《媽媽，哺乳妳的孩子！（Madre . . . cría a tu hijo!）》（1941）一書的荷西·穆尼奧斯醫師（Dr. José Muñoz）[51] 在下面這則虛構的對話中批評了祖母的干預：

「妳在做什麼？已經開始給固體食物（副食品）了？」……

「醫生已經吩咐了，而既然我在他的照顧下，我想要忠實地遵守他的指示。」

「我不知道該說什麼。」祖母回答道，「在我的年代，我們比較愛小孩，我有五個小孩，我就只餵他們母乳，餵了二十六個月。這一切都跟趨勢有關，時代變了！現在，妳們想要快速地完成所有事情……要寶寶走快一點，要他說快一點，要他吃快一點……」

注意這句話「忠實地遵守他的指示」。服從成為至高無上的美德。在這段對話中，媽媽顯得僵硬，像個機器人一樣，給出刻板的答案，而祖母，反過來說，一邊生活一邊思考，並且根據她的經驗，

提出個人的意見。就算祖母提倡的是完全不同的觀點，例如：建議第一次的副食品在兩個月大時給予，妳也會情不自禁地贊同她。

穆尼奧斯醫師認為，他在這一段對話中，是在讚美媽媽，並且讓祖母看起來很愚蠢。利用那樣的方式，他幫助媽媽們無視她們自己媽媽們的意見，而是聽他的話。真的，時代變了！

然而，如果認為兒童餵養方式的改變僅僅是因為時尚或是趨勢，這樣的想法是荒謬的。我們談論的是真正的營養專家，那些在他們的時代中緊跟著所有最新科學進展的人。也許他們錯了（很難相信他們全部都是正確的，因為他們提出的建議是那麼地分歧），但肯定有個理由導致這些全面的改變。

我認為理由是人工餵養（指餵食調製的奶水）。在 1906 年，每個孩子幾乎都是由自己的媽媽哺乳或是吃奶媽（wet nurse）的奶（烏萊西亞醫師付給奶媽的檢查費用是 15 比塞塔，一筆非常高的費用）。有一些孩子是人工餵養的，大部分是使用牛奶加糖的混合物，因而導致了災難性的後果，正如妳所想的那樣，嬰兒還沒有能力可以輕鬆地消化和代謝牛奶中過量的蛋白質和礦物質，因此嚴格地限制他

們的攝取量變得極為重要。這就是對於嚴格的時間表和過度餵食開始有極大關注的起源點。

　　不幸的是，專家們開始認為這些時間表對於喝牛奶的寶寶來說可能是必要的，並且也可能對喝母奶的寶寶有好處。即使當時人工餵養的嬰兒比例很低，醫生們還是很快就對奶瓶餵養的嬰兒有了更多的經驗，僅僅是因為這些孩子比較體弱多病，更常去找他們看病。在那個時代，窮人即使生病了也不會去看醫生，更不用說在他們健康的時候（把孩子帶到醫生那裡做「健康寶寶身體檢查」根本是無法想像的（類似我國的嬰幼兒健康檢查）。

　　今日的人們很難理解（除非妳對第三世界國家很熟悉，那裡的狀況依然相同）人工餵養在那個時代帶來了可怕的死亡率。烏萊西亞醫師在這個主題引用另一位專家，法國的瓦里奧特醫師（Dr. Variot）：

　　不給孩子吃乳房的媽媽們，特別是在孩子出生的頭幾個月，從出生就用人工食品餵養他們，使他們面臨的死亡風險比上戰場的士兵還要大。

　　哺餵母乳一年的寶寶在成長方面是沒有問題的，因為母乳中含有所有必需的維生素和營養素；對於少數喝全脂牛奶的嬰兒來說，要注意的是不要造成寶寶消化道的負荷。但是事情迅速惡化。二十年後，羅伊格醫師抱怨說道，要找到一位好的奶媽越來越困難，並且他的書中充斥著配方奶的廣告。

　　1930 年代，嬰兒喝的人造奶，裡面的蛋白質是減少的，因為加工和消毒的關係，維生素也是減少的。這時候，寶寶們需要其他的食物，尤其是水果、蔬菜和肝臟，以避免壞血病和其他維生素的缺乏；還需要吃麥片和其他家常食物，以減少對昂貴的人造奶的需求（貧窮的媽媽可能會再次使用全脂牛奶，而且很可能沒有經過消毒。這對嬰兒來說不僅很難消化，並且有時候裡面還充滿了結核菌）。

　　過度的熱情導致很少有孩子能夠遵循飲食建議。而如果他們是母乳哺餵的孩子，他們從一開始就不需要固體食物（副食品）。

　　遺憾的是，所有的專家們似乎都犯了同樣的錯誤：他們建議給母乳寶寶的食物和人工餵養寶寶的食物是一樣的，那些對人工餵養的寶寶來說是必須的食物（但對母乳寶寶不一定是必須的，因為母

乳含有寶寶們需要的營養）。

在 1970 年代，配方奶粉已經得到了足夠的改善，因此瓶餵配方奶的嬰兒不再發生壞血病、佝僂症或是貧血。不再需要柳橙汁來避免壞血病，並且開始觀察到早期介入固體食物（副食品）可能發生的（更微妙的）危險，像是過敏、耐受不良和乳糜瀉。一點一點地，固體食物（副食品）介入的時間被延遲了，最初是三個月大，然後是四個月大，現在是六個月大。我個人不認為這個過程已經結束，看看未來會帶來什麼將會很有趣！

後記

如果我們被強迫吃東西會怎麼樣？

營養部隊的管理

陽光在萬里無雲的天空中明亮地照耀著，空氣中瀰漫著青草的香氣，埃德蒙多·塔瓦雷斯（Edmundo Tavares）坐進一家宜人又價格親民的餐廳「金魚」，從他的座位，埃德蒙多可以欣賞到木蘭盛開的公園美景。做為一個喜愛觀察人性的敏銳觀察者，他更喜歡坐在那裡看向餐廳裡。

各式各樣的客人，魅力無窮。坐在他面前的是一位體重過重且滿頭大汗的客人，正狼吞虎嚥地吃著飯，偶爾的暫停只是為了大口大口吞下廉價的酒。有幾秒鐘，埃德蒙多追隨著對方的雙下巴的律動，彷彿在夢中一般，波動的白色團塊好似細沙堆起的沙丘，但這不是一個可以娛樂人們很久的場景，埃德蒙多快速地忽略這位肥胖的鄰居，看向坐在隔壁桌那位像幽靈一般的年輕女子。

「像幽靈一般……多麼詩意的句子啊！」埃德蒙多喃喃自語，不禁回想他在某本書中讀過多少次類似的描述？他將腦海中的「幽靈般的」與哲學或宗教聯想在一起，又也許是超自然的現象。現在，當他看到這個蒼白的女孩，她的眼睛凝視著遠方，彷彿迷失在餐桌上那盤還沒開始享用的義大利麵之中。埃德蒙多突然明白「幽靈般」的形容裡隱藏著更加世俗的內涵，用缺乏物質般的術語來說就是空靈，或是妳可能會說，「她好瘦，如果她側身站著就會看不見她了！」

　　房間的中央，在以金魚為命名的金魚旁邊，坐著幾位穿著得體的高階主管（儘管有位女士顯得脫穎而出，因為她是唯一沒有繫領帶的人）。他們正就一堆蓋住桌上食物和手機的文件和圖表激烈地爭論著，埃德蒙多微笑著，想著那些沾到番茄和油漬的合約；但等等，這些人是專業人員，不用擔心，他們是可以在一碗沙拉上方閱讀報告而不會發生意外的專家。

　　再往後，一個隱密的角落，有一對情侶充滿愛意的凝視彼此，他們的雙手在餐桌上纏繞著。如今，在餐桌的上方再次有雙手纏繞！這世界的轉變真是有趣！又或許是，他那一代的人很少有機會在公共場所交纏些什麼？「是我變老了嗎？」他想著，懷舊地回憶起其

他的餐桌、另外的手。

　　想要深深地沉溺在過往的回憶並不容易，身後那桌的學生們，嘻鬧聊天的吵雜聲迅速將他拉回人間。他從眼角看著這群學生，他們開心地有說有笑，完全不在乎社會風俗，也不擔心被當成傻子。一如往常，當他看著一群年輕人時，總會以為自己認出了一張臉。埃德蒙多隨即摒棄這個荒謬的想法，不太可能，因為他們現在應該也已經四十歲了。

　　在他的沙拉正要端上來時，冰冷沉重的寂靜緩緩降下籠罩在這個大房間，猶如池塘中的水波。令人害怕的營養警察（Nutrional Police）身穿黑色制服正迅速地排起隊伍。埃德蒙多沒有看見他們穿過公園，想必他們一定是從後門進入。在一位年輕、英俊挺拔的大隊長指揮之下有六名特務。這些剛從學院畢業的軍官看起來生硬且嚴謹，渴望證明他們自己的職位，然而新兵通常是最糟的，他們常被自己人嚇到，他們不會放過任何蛛絲馬跡。

　　一位中年女特務快速地走到那群高階主管的桌旁，在他們還沒能來得及放下手邊的合約和報告時，東西很快就被沒收了。「 在餐

桌上不可以玩！」最年輕的主管試圖爭辯，但那女人瞪了他一眼阻止他。反抗是沒有意義的。如果他們表現出完全的服從，並且毫無怨言的吃飯，或許他們可以在甜點之後拿回文件。

　　學生那桌所有的談笑聲都停下來了。萬一因為不良的飲食行為被逮捕，可能會為他們的家庭帶來恥辱，並且會被大學退學。他們以絕對的安靜吃著飯，直挺挺的坐在他們的位子上，有節奏的將食物放進嘴裡。或許是他們坐得太挺？還是全體一致吃得太多？又手臂像編舞一般精確地舉起和放下。一位觀察他們的特務似乎隱約覺得他們正在表演，但是無論他看得多麼仔細，都很難發現他們的態度上有任何違法之處，所以他選擇轉身忽視他們。附近餐桌上的幾個客人努力收起讚許的微笑：也許這些年輕人終究比他們看起來的還要聰明。

　　廚房裡傳來尖叫聲。每一家餐廳都知道要盡快將所有的剩菜倒進下水道裡沖走。但這一次，一位缺乏經驗的廚房助手，讓營養警察得以發現盤子上還有半份義大利麵捲（cannelloni）。禁止餐盤上有剩菜的法律是不容許被破壞的！餐廳老闆在解釋的時候還絆倒了自己。

「我們一直都有遵守規則，您知道的。有位客人拒絕吃完他的食物然後還落跑了，我們沒能阻止他，也還來不及填寫文件舉發他。這就是為什麼我們保留盤子的原因，因為我們需要為檔案拍照存證……，但是我們很乾淨，請您看一下垃圾桶，呃……」

老闆用戲劇性的動作拿出垃圾桶，嘴裡的話卻僵在他的嘴唇上。垃圾桶裡有剩下的燉肉廚餘！新來的廚房助手又犯了另一個錯誤，而這個錯誤可能是致命的。

大隊長盯著老闆並且要求解釋。在其他人還沒開口之前，廚房助手就上前一步，顫抖著說：「我必須扔掉它，我弄掉了盤子，但是盤子沒有破……」

「我們不會浪費食物。」老闆吼著，「你還犯了另一個錯誤，你被解雇了。」

然後，老闆尊敬地對大隊長說：「他是新來的，越來越難找到好助手。」

但是，餐廳員工們掩蓋自己錯誤的精明方式並不被老闆理解。在那些日子裡，處在餐廳會被營養警察接管的持續威脅下，快速的思維和敏銳的反射動作是重要的特質。

埃德蒙多·塔瓦雷斯沒有錯過房間裡發生的一切，同時似乎全神貫注在他自己的沙拉。他慶幸自己的選擇：一道輕食，一道很奇怪地似乎總能得到營養警察認可的輕食。營養品似乎因為是綠色的而令人滿意。角落裡的那兩隻愛情鳥已經立刻停止手牽手，但他們仍情不自禁，時不時給彼此充滿愛意的眼神。剛剛對那些高階主管很嚴厲的特務似乎放下她的警覺，但是來自她隊長冰冷的目光讓她想起自己的職責。她直挺挺的站著，並且用刺耳的聲音開始計時：

安靜地吃！湯匙到盤子、湯匙到嘴巴、一、二！湯匙到盤子、湯匙到嘴巴、一、二！

坐在埃德蒙多面前的那位胖子非常緊張，並且試著窺伺那些軍官。「他正嘗試著想要看清楚他們身上的徽章」，埃德蒙多突然明白了，「他應該有近視。」

　　成為營養健力士（Nutritional Super Stout）的要求，體重需高於平均，並且越高越好；他們一直與營養超級運動員（Nutritional Super Athletic）發生衝突，後者的理想體重只要介於第 25 到第 75 個百分位之間。由於這些政權的內鬥，那些體重高於第 75 個百分位或是介於第 25 到第 50 個百分位之間的人經歷了非常困難的時期。然而，還比不上那些低於第 25 個百分位的可憐靈魂，他們當中絕大多數的人在邊界關閉之前就流亡了。

　　這一次是由營養健力士負責考查，那個胖男人在他一確認之後鬆了一口氣，他甚至放膽邁出一向有點冒險的一步：「服務生，這燉羊腿好好吃，我可以再來一份嗎？」

　　服務生的厭惡顯而易見，但他別無選擇。有營養警察中的營養健力士在場，第二份燉羊腿是保證一定要上的。老闆親自微笑著端出了餐點，然而，報仇是甜蜜而微妙的。盤子裡的食物堆得好高，那胖子一看立刻臉色蒼白；他期待的只是多一點點，但即使對他來說，這真的是太多了！可是，在盤中留下任何他自己要求加點的食物是最嚴重的罪行之一！

稍後，老闆對他的把戲感到後悔，他了解到，這位胖先生要求第二份燉羊腿並不是為了要佔便宜，而只是為了尋求保護。在營養超級運動員的追捕下，胖子們唯一的安全牌就是與營養健力士成為朋友。老闆頓時感到羞愧難當，他試著提供胖先生一條逃生路線：

　　「非常抱歉，先生，我們的焦糖布丁已經賣完了。」老闆親切地說。「要請您選擇另一種甜點，我可以推薦您柳橙汁嗎？」

　　「當然」胖先生回答，他的雙眼充滿著感激。也許這樣他就能吃得完燉羊腿，他隨即開始吃了起來。

　　大隊長正站在魚缸旁。「為什麼這條魚沒有在吃東西？」

　　「他剛剛才吃過」餐廳老闆辯解道，「但沒關係。」他拿出一些魚飼料丟進魚缸裡，那隻金魚急忙吞下去。

　　「金魚的肚子總是有空間能再多裝下一點點的食物。這就是為什麼我選擇金魚作為我餐廳的象徵。」

　　大隊長幾乎笑了。「之前買這隻金魚真是個好主意。」老闆心想。希望垃圾桶的意外事件會被忘記。但是，大隊長冷酷的雙眼盯住了那個很瘦的女孩，沈默變得更加不祥。不僅是因為她看起來似乎低於第 25 個百分位（胸罩裡的襯墊無法掩飾她那凹陷的臉頰），還有她的盤子裡仍然堆著滿滿的食物，而她正以令人難以忍受的緩慢速度吃著。埃德蒙多可以知道她正在冒汗，而且他覺得自己聽到了她緊張的心跳聲。

　　在痛苦地盯著她長長的幾秒鐘之後，大隊長向一名特務比個手勢，後者毅然地走向那位年輕女孩。

　　來，吃一點。這很好吃，吃下去，妳好棒！妳需要長大，骨頭上要長點肉才行。來，再吃一口。妳吃下去了，棒棒！妳吃東西的樣子真好看！妳累了嗎，蜜糖？我會幫妳，來，給我妳的叉子。妳看，這是飛機，它要飛過來囉！轟隆隆～轟隆隆～載著小女孩的義大利麵的飛機飛過來囉！妳好棒！妳看，窗戶那邊有隻小鳥！好美麗的小鳥呀！看看牠是如何張開嘴巴的？妳做的真好，再吃一口。現在來為奶奶吃一口，再為爸爸吃一口……。來吧，我們今天要吃完這些好吃的食物麵麵，是廚師用滿滿的愛心煮的麵麵。妳已經快要吃

完了。妳今天不是想去看電影嗎？那麼，首先妳必須吃完妳的麵麵，妳才能變得更強壯！好好吃喔！看看這位好乖的小姑娘，她吃得真好！

緩慢又痛苦地，盤子裡的義大利麵消失了。營養警察用一小塊麵包把盤子裡的醬汁吸乾，遞給那位嚇壞的女孩要她吃掉。接下來還有肉和馬鈴薯！埃德蒙多和餐廳裡的其他人一樣，摒住了呼吸。很明顯的，她永遠吃不完第二道菜。

服務生把肉端上來了。他已經選了最小的一塊並且只在盤子裡放下小份的馬鈴薯。他同情地看著那個女孩，她勉強笑笑表示感激。這些份量仍然比她吃得下的還要多，那位服務生也心知肚明，但他不能再讓自己冒險犯錯了。因為營養警察有時候會要求老闆秤一下那種份量看起來小的令人懷疑的餐點。

那位特務將肉切成小塊，然後又開始那些無止盡的叨叨念念。每一匙都比上一匙痛苦，恐懼的一方和惱怒的另一方變得越來越明顯。埃德蒙多，就像其他的客人一樣，試圖專注在自己的盤子上，專注在來來回回有節奏的叉子上。試著不去看，不去想，單純地活

我的小孩不吃東西！

下去。埃德蒙多夢想過好多次，他能勇敢地站起來並且有尊嚴地大喊：「放過那個小女孩。」相反的，他吞下他的懦弱，當他無意中聽到那個警察對那女孩說：「有看到那個男人怎麼吃東西的嗎？他一直做得很好！來吧，妳必須長得大隻一點，像這個男人一樣。」

這位年輕的女孩，眼神空洞，機械性的打開和閉上她的嘴，同時兩行眼水滑落在她的雙頰上。

「她有一陣子沒有吞嚥了」，埃德蒙多心想。突然，伴隨令人不安的聲音，混合著咳嗽和作嘔，那女孩讓一團乾掉的、嚼過的肉從她的嘴裡掉了出來。

報告大隊長，她不肯吞下去！

這位長官以堅定的步伐靠過來。一聲響亮的巴掌打破了沉默。就是這樣，到此為止了，埃德蒙多想，這就是飛機和親切話語的結尾了。對於那些拒絕吞嚥的人來說，不會有什麼憐憫的。他們會逼她吃掉那令人厭惡又可怕的肉丸子，還有她剩下的那些食物。他們會強迫她張開嘴巴，用他們的鐵手指深入她的臉頰和牙齒之間，這

樣如果她試圖閉上嘴巴就會咬到她自己。他們會用食物塞滿她直到她嘔吐為止，然後再逼她吃掉她自己的嘔吐物。埃德蒙多闔上了雙眼，感到無比的悲慘，並且試著慢慢地深吸一口氣，以防止自己在聽見小女孩絕望的哀求時吐出來：

我不要再吃了！我不要再吃了！

埃德蒙多用力睜開眼睛，他看到的只有一片黑暗。他突然明白這一切都是一場夢。「真是一場荒謬的夢！」他想。「營養警察？誰會想出這樣的事情？」但是他仍然感到非常激動並且滿頭大汗，一切都顯得那麼的真實。尤其是最後的哀求。

我不要再吃了！我不要再吃了！

他又聽見了這樣的哀求！恐懼讓他的脊背發麻。但這不是夢，而是他兩歲的女兒凡妮莎在隔壁房間的睡夢中哭喊。真奇怪！我們倆個有可能是做同樣的夢嗎？不對，她應該是醒著的。對，就是那樣！我一定是在我的睡夢中哭喊出來，而她正在重覆哭喊好引起注意！這個小惡魔！為了操縱父母，什麼都做得出來！醫生在教我們

如何讓她入睡時警告過我們這一點。醫生說她會想盡辦法要我們晚上到她的房間去。我不會過去的！絕對不會，長官！她必須學會自己入睡，並且停止為所欲為！

　　順帶一提，最近我們得找一天去請教醫生有關吃飯的事情。她每天吃得越來越少，而且現在她會吐。我們必須對那孩子做點什麼才行。

參考文獻 References

1. Illingworth, R. S., The Normal Child. Some Problems of the Early Years and Their Treatment, 10.a ed., Churchill Livingstone, Edinburgh, 1991.

2. Fomon, S. J., Nutrition of Normal Infants. Mosby Year Book, Inc., St. Louis 1992.

3. Van Den Boom, S. A. M., Kimber, A. C. and Morgan, J. B., Nutritional composition of home-prepared baby meals in Madrid. Comparison with commercial products in Spain and homemade meals in England, Acta Padiatrics, 1997, 86: 57 - 62.

4. Butte, N. F., Wong, W. W., Hopkinson, J. M., Heinz, C. J., Mehta, N. R. y Smith, E. O. B., Energy requirements derived from total energy expenditure and energy deposition during the first 2 years of life, Am. J. Clin. Nutr., 2000, 72: 1558 - 1569.

5. Dewey, K. G., Peerson, J. M. and Brown, K. H. et al., Growth of breastfed infants deviates from current reference data: a pooled analysis of US, Canadian, and European data sets, Pediatrics, 1995, 96: 495 - 503.

6. WHO, Working Group on Infant Growth. An evaluation of infant growth, Document WHO/NUT/94.8, OMS, Geneva, 1994.

7. Dewey, K. G., Growth patterns of breastfed infants and the current status of growth charts for infants, J. Hum. Lact., 1998,14: 89 - 92.

8. Von Kries, R., Koletzko, B., Sauerwald, T., Von Mutius, E., Barnert, D., Grunert, V. and Von Voss, H., Breast feeding and obesity: cross sectional study, BMJ, 1999, 319: 147 - 150.

9. Grummer-Strawn, L. M. and Mei, Z., Centers for Disease Control and Prevention Pediatric Nutrition Surveillance System. Does breast-feedingprotect against pediatric overweight? Analysis of longitudinal data fromthe Centers for Disease Control and Prevention Pediatric Nutrition Surveillance System, Pediatrics, 2004, 113: 81 - 86.

10. Raiha, N. C. R. and Axelsson, I. E., Protein nutrition during infancy. Anupdate, Pediatr. Clin. N. Amer., 1995, 42: 745 - 764.

11. Howie, P. W., Houston, M. J., Cook, A. et al., How long should a breast feedlast?, Early Hum. Dev., 1981, 5: 71 - 77.

12. Woolridge, M. W., Baby-controlled breastfeeding: Biocultural implications,in Stuart-Macadam, P. and Dettwyler, K. A., Breastfeeding, Biocultural Perspectives, Aldine de Gruyter, New York, 1995.

13. Woolridge, M. W., Ingram, J. C. and Baum, J. D., Do changes in pattern ofbreast usage alter the baby's nutrient intake?, Lancet, 1990, 336: 395-397.

14. Birch, L. L. and Fisher, J. A., Appetite and eating behaviour in children,Pediatr. Clin. N. Amer., 1995, 42: 931 - 953.

15. Birch, L. L., Johnson, S. L., Andresen, G. et al., The variability of young children's energy intake, N. Eng. J. Med., 1991, 324: 232 - 235.

16. Shea, S., Stein, A. D., Basch, C. E. et al., Variability and self-regulation of energy intake in young children in their everyday environment, Pediatrics,1992, 90: 542 - 546.

17. Fisher, J. O. and Birch, L. L., Restricting access to palatable foods affects children's behavioral response, food selection, and intake, Am. J. Clin. Nutr., 1999, 69: 1264 - 1272.

18. ESPGAN, Committee on Nutrition, Guidelines on infant nutrition. III. Recommendations for infant feeding, Acta Padiatr. Scand., 1982, suppl. 302.

19. Complementary feeding: A commentary by the ESPGHAN Committee on Nutrition, J. Pediatr. Gastroenterol. Nutr., 2008; 46:99 - 110.

20. American Academy of Pediatrics Committee on Nutrition, On the feeding of supplemental foods to infants, Pediatrics, 1980, 65: 1178 - 1181.

21. American Academy of Pediatrics Section on Breastfeeding, Breast-feeding and the use of human milk, Pediatrics, 2005, 115: 496 - 506. http://aappolicy. aappublications. org/cgi reprint/pediatrics; 115/2/496.pdf

22. American Academy of Pediatrics Work Group on Breastfeeding, Breastfeeding and the use of human milk, Pediatrics, 1997, 100: 1035 - 1039.

23. UNICEF, WHO, UNESCO, UNFPA, UNDP, UNAIDS, WFP and the World Bank, Facts for Life., 3rd ed, 2002. http://www.unicef.org/publications/ index_4387.html

24. Cohen, R. J., Brown, K. H., Canahuati, J. et al., Effects of age of introduction of complementary foods on infant breast milk intake, total energy intake, and growth: a randomised intervention study in Honduras, Lancet, 1994, 343: 288 – 293.

25. Klaus, M. H., The frequency of suckling. A neglected but essential ingredient of breast-feeding, Obstet. Gynecol. Clin. N. Amer., 1987, 14: 623 – 633.

26. Daly, S. E. J. and Hartmann, P. E., Infant demand and milk supply. Part 2: The short-term control of milk synthesis in lactating women, J. Hum. Lact., 1995, 11: 27 – 37.

27. Weile, B., Cavell, B., Nivenius, K. y Krasilnikoff, P. A., Striking differences in the incidence of childhood celiac disease between Denmark and Sweden: a plausible explanation, J. Pediatr. Gastroenterol. Nutr., July 1995, 21: 64 – 68.

28. Ivarsson, A., Hernell, O., Stenlund, H. and Persson L. A., Breast-feeding protects against celiac disease, Am. J. Clin. Nutr., 2002, 75: 914 – 921.

29. Complementary feeding: A commentary by the ESPGHAN Committee on Nutrition, J. Pediatr. Gastroenterol. Nutr., 2008.

30. American Academy of Pediatrics, Committee on Nutrition. Hypoallergenic infant formulas, Pediatrics, 2000;106:346 – 349.

31. Complementary feeding: A commentary by the ESPGHAN Committee on Nutrition, J. Pediatr. Gastroenterol. Nutr., 2008.

32. Greer F. R., Sicherer S. H., Burks A. W., American Academy of Pediatrics Committee on Nutrition; American Academy of Pediatrics Section on Allergy and Immunology. Effects of early nutritional interventions on the development of atopic disease in infants and children: the role of maternal dietary restriction, breastfeeding, timing of introduction of complementary foods, and hydrolyzed formulas, Pediatrics, 2008; 121:183 – 191.

33. Macknin, M. L., Medendorp, S. V. and Maier, M. C., Infant sleep and bedtime cereal, Am. J. Dis. Child., 1989, 143: 1066 – 1068.

34. Comite de Lactancia Materna de la AEP. Recomendaciones para la lactancia materna, 2008. http://www.aeped.es/pdfdocs/ lacmat.pdf

35. Fernandez Nunez, J. M., Sendin Gonzalez, C., Herrera, P. et al., 《Doctor, el nino no me come》, como demanda de consulta, Atencion Primaria, 1997, 20: 554－556.

36. Comite de Nutricion de la Asociacion Espanola de Pediatria, Indicaciones de las formulas antirregurgitacion, An. Esp. Pediatr., 2000, 52: 369－371.

37. American Academy of Pediatrics, Committee on Nutrition, The use and misuse of fruit juice in pediatrics, Pediatrics, 2001, 107: 1210－1213.

38. Sanders, T. A. B., Vegetarians diets and children, Pediatr. Clin. N. Amer., 1995, 42: 955－965.

39. Norris, J., Vitamin B12 Recommendations for Vegans, http://www. veganoutreach. org/health/b12rec.html

40. Hood, S., The vegan diet for infants and children. http://www. scienzavegetariana.it/ rubriche/cong2002/vegcon_infant_diet_en.html

41. Bowlby, J., The Making and Breaking of Affectional Bonds, Routledge, London, 2000.

42. Dewey, K. G. and Brown, K. H., Update on technical issues concerning complementary feeding of young children in developing countries and implications for intervention programs, Food. Nut. Bull., 2003, 24: 2－28.

43. Ulecia and Cardona, R., Arte de criar a los ninos, 2.a ed., Administracion de la Revista de Medicina y Cirugia Practicas, Madrid, 1906.

44. Puig y Roig, P., Puericultura o arte de criar bien a los hijos, Libreria Subirana, Barcelona, 1927.

45. Goday, S., Alimentacio del nen durant la primera infancia, Monografies Mediques, 19, Barcelona, 1928.

46. Roig i Raventos, J., Nocions de puericultura, 4.a ed., Poliglota, Barcelona, 1932.

47. Roig i Raventos, J., Nocions de puericultura, 5.a ed., Poliglota, Barcelona, 1936.

48. Roig i Raventos, J., Nocions de puericultura, 7.a ed., Poliglota, Barcelona, 1947.

49. Ramos, R., Puericultura. Higiene, educacion y alimentacion en la primera infancia, tomo I, Barcelona, 1941.

50. Blancafort, M., Puericultura actual, Bruguera, Barcelona, 1979.

51. Munoz, J., Madre... cria a tu hijo!, Barcelona, 1941.

國家圖書館出版品預行編目 (CIP) 資料

我的孩子不吃東西！/Carlos González 著；楊
靖瑩譯 . -- 初版 . -- 臺北市：新手父母出版，
城邦文化事業股份有限公司出版：英屬蓋曼
群島商家庭傳媒股份有限公司城邦分公司發
行 , 2022.04
　　面；　公分 . -- (育兒通；SR0106)
譯自 : Mi niño no me come

ISBN 978-626-7008-17-1(平裝)
1.CST: 育兒 2.CST: 小兒營養

428.3　　　　　　　　　　111002189

我的孩子不吃東西！

資深兒科醫師親授不動怒用餐法，終結親子餐桌上的戰爭

作　　者／卡洛斯·岡薩雷斯（Carlos González）
譯　　者／楊靖瑩、胡芳晴、陳芃彣
選　　書／林小鈴
主　　編／陳雯琪

行銷經理／王維君
業務經理／羅越華
總 編 輯／林小鈴
發 行 人／何飛鵬
出　　版／新手父母出版
　　　　　城邦文化事業股份有限公司
　　　　　台北市中山區民生東路二段 141 號 8 樓
　　　　　電話：(02) 2500-7008　傳真：(02) 2502-7676
　　　　　E-mail：bwp.service@cite.com.tw
發　　行／英屬蓋曼群島商家庭傳媒股份有限公司城邦分公司
　　　　　台北市中山區民生東路二段 141 號 11 樓
　　　　　讀者服務專線：02-2500-7718；02-2500-7719
　　　　　24 小時傳真服務：02-2500-1900；02-2500-1991
　　　　　讀者服務信箱 E-mail：service@readingclub.com.tw
　　　　　劃撥帳號：19863813
　　　　　戶名：書虫股份有限公司
香港發行所／城邦（香港）出版集團有限公司
　　　　　香港灣仔駱克道 193 號東超商業中心 1F
　　　　　電話：(852) 2508-6231　傳真：(852) 2578-9337
　　　　　E-mail：hkcite@biznetvigator.com
馬新發行所／城邦（馬新）出版集團 Cite(M) Sdn. Bhd. (458372 U)
　　　　　11, Jalan 30D/146, Desa Tasik,
　　　　　Sungai Besi, 57000 Kuala Lumpur, Malaysia.
　　　　　電話：(603) 90563833　傳真：(603) 90562833

封面、版面設計、內頁排版／徐思文
製版印刷／卡樂彩色製版印刷有限公司

2022 年 04 月 14 日初版 1 刷　　Printed in Taiwan
2022 年 06 月 07 日初版 2.3 刷
定價 500 元
ISBN 978-626-7008-17-1（平裝）